はじめてのサイエンス

池上 彰 Ikegami Akira

はじめてのサイエンス　目次

序章　科学とは「疑うこと」から始まります

——現代のサイエンス六科目

「降水確率三〇パーセント」の意味を知っていますか？

さあ、サイエンスの講義を始めましょう。

サイエンス、すなわち「科学」と聞くと、あなたは「自分とは関係がない」と思ってしまうかもしれません。学生のころは理科の成績も悪かったし、難しい記号や数式がたくさん載っている物理や化学の本を今さら読み返す自信も気力もない、科学の専門家に任せておけばいいや、というところかもしれません。

しかし、私たちは毎日、「科学的なものの見方」と向き合っています。あなたは朝、家を出るとき、ネットやテレビの天気予報で「今日の降水確率」をチェックして、傘を持っていくかどうかを判断するでしょう。そのとき「降水確率三〇パーセント」とあったとします。この数字は何を意味するのでしょうか。

天気予報の天気図には、高気圧と低気圧が描かれていますね。予報するためには、同じ気圧配置の、同じ天気図のとき、過去にどれくらい雨が降ったかなどといったことを膨大なデータから検索します。そして、**同じ天気図の一〇〇回のうち三〇回雨が降っていれば「降水確率三〇パーセント」ということになるわけです。**気象の原理にせよ確率という概念にせよ、典型的な科学の考え方です。つまり、科学の発想は私たちの日常にしっかりと根を下ろしているのです。

私もまた、あなたと同じく「文系人間」で、科学の専門書を見ると怖気をふるったものでした。ところが、NHKで「週刊こどもニュース」のキャスターを務めるようになると、そんなことを言っていられなくなったのです。

「こどもニュース」には天気に関する質問がたくさん寄せられます。「降水確率何パーセント」の意味からはじまって、そもそも気圧とは何かということまで、解きほぐして説明しなければいけません。ノーベル物理学賞やノーベル化学賞を日本人が受賞したときには、その最先端の理論を子どもたちでもわかるように解説しなければなりません。

天気に限らず科学のあらゆる分野について、専門書を読んだり専門家の話を聞いたりして、基本的な仕組みや原理を自分なりに理解し、ときにはわかりやすい「たとえ」を用いて、自分の言葉で説明するよう努めました。

そのようにして、科学を手元に引き寄せてみると、天気予報のような日常的な場面だけではなく、**国際情勢から日本という国の未来まで、あらゆる局面に科学の考え方や発想が密**

接にかかわっていることに、あらためて気がつきました。

今や国際情勢を左右する核兵器は、そもそも物理学の進展なしには開発されませんでした。医療の未来を決めると言われる再生医療は、生物学を知らなければその本質が理解できないでしょう。「今後三〇年間に七〇パーセントの確率で起きる」とされる首都直下地震について考えるうえでは、地学の知識が不可欠です。重大なニュースの背景には科学の世界が広がっているのです。「自分とは関係がない」どころではありません。

日々、新聞やテレビで報道されるニュースをきちんと理解し、私たちの社会のありかたから国際情勢、そして地球の未来までを自分の頭でしっかり理解し、考えること。この本では、そのために必要なサイエンスの知識を厳選してお話ししていきます。

この序章ではまず、サイエンスを理解するうえで前提となる、**科学的な思考とはどういうことか**を考えていきましょう。

科学とはそもそも何か

そもそも科学とは何でしょうか。

科学というと「法則」や「理論」、たとえば学校で習った「万有引力の法則」や「相対性理論」を思い出す人もいるかもしれません。私たちは法則や理論を「一〇〇パーセント正しい」と思いこんでしまいがちです。ところが、**科学の法則や理論はそのような絶対的な真理ではない**のです。

テレビ番組では「驚きの真実が明らかに！」という言い方をよく使います。こういう言い方をすると、視聴者は一〇〇パーセント正しい絶対的な真実があるように思ってしまいますから、私が担当する番組では「そういう言い方はしないでほしい」とお願いしています。人間の物の見方は完璧ではないのですから、一〇〇パーセント正しい真実を把握することはできません。そんなことができるのは、全知全能の神様だけでしょう。

科学も同様です。「真実は、もしかしたらあるかもしれない。ならば、少しでもそこに近づきたい」。科学とはこのように、限られた認識の手段を使って、少しずつ真理に近づいていこうとする営みだと思います。

では、科学はどのようにして真理に近づいていくのでしょうか。

その第一歩は、**「疑うこと」から始まります**。

「みんなはAだと考えているけど、本当かな？」

「なぜ、こんなことが起こるのだろう？」

自然科学であれ社会科学であれ、科学的な態度を持つ人は、まわりの意見を鵜呑みにせず、それが本当かどうかと疑い、「なぜだろう？」「どうしてだろう？」と問いを発します。

問いを発したら、次にそれの解答（回答）のための仮説を立てます。科学という営みでは、それぞれの学者が仮説を立て、それを検討していきます。仮説というのは、文字どおり**「仮につくりあげた説明」**なので、それが正しいかどうかを確かめなければなりません。つまり、**「検証」しなければなりません**。

検証にはさまざまな方法があります。わかりやすいのは実験することです。実験をしてみて、仮説が裏づけられれば、その仮説は真理に近い説明だということができるでしょう。それでも、当然、仮説とは異なる実験結果が出てくることもあります。

仮説どおりの実験結果が出ない場合は、仮説を修正しなければなりません。そして、修正した仮説が正しいかどうか、再び検証をしてみる。このように、**仮説と検証を繰り返して、真理に少しでも近づこうとすることが科学という営み**なのです。

「仮説」はどのように確かめられるのか

ただし、仮説を検証する段階では、一人だけが実験に成功しても、その仮説は認められません。逆に言えば、**誰でも同じ手順にもとづいて実験をすれば、同じ結果が出なければいけないのです。**ですから「ＳＴＡＰ細胞はあります」と言っても、世界中の学者が実験してみて再現できなかったら、その仮説は間違っているということです。

もちろん最初の実験は、一人で行うことが多いでしょう。その実験に成功したら、実験の条件や手続きを明らかにして、誰でも再現実験をできるようにする。再現実験でも、同じような結果が出た。そうなれば仮説は、とりあえずの真理として成立するということです。これが科学的な理論や法則ということになります。

教科書に載っている「法則」「理論」にしても、最初から一〇〇パーセント正しいものと認められていたわけではありません。多くの人がチェックを重ねるなかで、徐々に「正しい」と認められるようになっていったのです。

先に挙げた「万有引力の法則」にしても、一七世紀にニュートンが発見して以来、長い間「真理」として認められてきましたが、二〇世紀初頭になると、アインシュタインが提唱した重力理論に取って代わられました。アインシュタインは誰もが正しいと思っていた万有引力の法則を疑うことで、科学をさらに前進させたのです。**真理とは絶対的なものではなく、「とりあえずの真理」**なのです。

「抽象化」とはどういうことか

では、科学者はどのように仮説を立てるのでしょうか。仮説を立てるうえで重要なのが、**物事を抽象化すること**です。

抽象とは、具体的な物事から共通する要素を抜き出すことをいいます。共通する要素を抜き出すためには、よけいな枝葉は切り捨てていく必要がある。つまり科学者が物事を観察するときは、よけいな要素を切り捨てて、仮説になるような要素を抽象化していくわけです。

たとえば、リンゴの実が木からポトンと落ちた。ふつうの人なら「リンゴの実が落ちるのは当たり前だ」ということで、わざわざ立ち止まって考えないでしょう。でもニュートンのような科学者は、リンゴが落ちるのを見て、「なぜ物は上から下に落ちるんだろう?」と疑問を持って、ここから物が落ちる理由について仮説を立てるわけです。

このとき科学者は、**リンゴが落ちるという運動**に注目しています。ですから、リンゴの色や香りという枝葉は捨てていることになります。そうやってさまざまな物が落ちる運動に着目し、その理由を考える。あるいは、月は落ちてこないので、その理由も考えてみる。こうして具体的な物事を抽象化することで、万有引力の法則に行き着いたのです。

このように、ニュートンはリンゴが落ちるのを見て、万有引力の法則を発見したと言われています。でも、このエピソードは本当でしょうか。検証していくと、じつは相当あやふやなことになってきました。

ニュートンが教えていたケンブリッジ大学トリニティカレッジの入り口のところには、万有引力の法則を発見したときに落ちてきたリンゴの子孫の木が植えられています。観光名所にもなっていますが、これを見ると、ますます先のエピソードが真実味を帯びてきますね。

ところが調べてみると、「私はリンゴの実が落ちるのを見て万有引力の法則を発見した」

と、ニュートン本人から直接聞いた人はいません。じつは、ニュートンの姪（めい）の話を聞いた人が情報元なのです。ニュートンが本当にそう言ったかどうかは確実とは言えません。後世の人が面白く物語にしただけかもしれないのです。

朝食を食べると学力が上がる？

このように、科学的な態度とは、疑問や問いを持って物事を見るということです。そして、観察した物事を抽象化して仮説を立てることが、科学という営みの最初のプロセスです。

しかし、この仮説を立てるときに、私たちがよくやりがちな失敗があります。それは、**相関関係と因果関係を取り違えてしまうということ**。相関関係とは、二つのものごとが単にかかわり合う関係、因果関係とは、二つのものごとが原因・結果でつながる関係です。

二〇〇三年に、国立教育政策研究所が、毎日朝食をきちんと食べている子どもは成績がいいという研究結果を発表しました。なぜ、そんなことがわかるのでしょうか。

毎年、文部科学省は全国学力テストを実施していて、テストと同時にアンケートも取っています。テストの結果とアンケートを照らし合わせてみると、成績のいい子どもの多くが、毎日きちんと朝食を食べていることがわかりました。この結果から、「朝食を食べると、子どもの学力が上がる」と主張する人が出てきたのです。

そういう人は、朝食を食べるときちんとした栄養が体内に入って、脳にエネルギーが送られ、それによって午前中からしっかりと勉強に集中することができるから、学力が高くなると考える。つまり、朝食と学力の間に因果関係があると考えたわけです。

たしかに、朝食を食べたほうがいいに決まっていますが、これを本当に因果関係と言えるのでしょうか。

朝食を毎朝きちんと食べているということは、規則正しい生活を送っているということです。深夜遅くまでダラダラと起きていれば、朝、ギリギリに起きて、朝食を食べる間もなく学校に行ってしまうでしょう。

では、規則正しい生活をしているのはどういう子どもでしょうか。おそらく、そういう子どもには、規則正しい生活をさせている親がいるのではないでしょうか。そういう親は、朝食をきちんと食べさせるだけではないでしょう。それ以外に、「勉強しなさい」と言ったり塾に通わせたり、子どもの学習に積極的にかかわる親も多いかもしれない。そうなると、親のしつけと学力という因果関係も考える必要が出てきます。

あるいは、学校の先生が「きちんと朝食を食べましょう」と、生徒に指導をしていたら、どうでしょうか。こういう先生は、子どもの指導に熱心だから、勉強も熱心に教えるのではないでしょうか。この場合、先生の熱意と学力との間に因果関係がある可能性もあるわけです。

つまり、「朝食を食べること」と「学力が高い」の間には、相関関係があるとは言えるかもしれません。しかし、「朝食を食べるから学力が上がる」という因果関係があるとまでは言いきれないということです。

同じような例で、OECD（経済協力開発機構）が実施しているPISAというテストがあります。このテストは、三年に一度、世界の国々の一五歳の子どもたちが受けています。その分析から、新聞を読んでいる子ほど学力が高いという結果が出ました。

新聞社は大喜びです。喜ぶのはいいけれど、勢いあまって「新聞を読むと、子どもの学力が上がります」と言ったら、これは科学的な態度として失格でしょう。つまり、これも相関関係を因果関係と取り違えているということです。

たしかに新聞を読んでいれば、学力が上がるのかもしれない。でも、逆の解釈もできるでしょう。つまり、学力が高い子が、ニュースや新聞に関心を持つというわけです。

統計的に「学力の高い子は、ニュースへの関心が高い」ことがわかっただけでは、「ニュースに関心を持つと、学力が高くなる」という因果関係は導けないのです。

アリストテレスだって間違った仮説を立てていた

相関関係と因果関係の取り違えからもわかるように、見た目だけにとらわれると、私たちは間違った仮説を持ちやすいのです。それは古代ギリシャの偉大な哲学者であるアリストテレスも同じでした。

紀元前四世紀にアリストテレスは、音は光よりもスピードが遅いことに気づきました。どうして、そのことがわかったのでしょうか。

たとえば、稲妻(いなずま)が光ってから雷鳴がとどろくまで、時間差がある。ピカッと光ったのに、ゴロゴロという音が届くまでには時間がかかりますね。あるいは、遠くで船を漕(こ)いでいるオールが水をバシャッと叩（たた）いた。それは瞬時に見えるけれども、そのオールが水を叩く音が自分のところで聞こえるまでには時間がかかります。

こうしたことを観察して、アリストテレスは、**音速は光速よりもずっと遅い**と考えたわけです。

当時は、光速を測るような機器はありませんから、光の具体的なスピードはわかりません。でも、観察から導いたアリストテレスのこの仮説が正しいことを私たちは知っています。

しかし、観察するだけでは誤ることもあります。アリストテレスは、なぜ物が落ちるのだろうかと疑問を持ちました。考えた結果、きっとその物体にはもともと下に向かって落ちていく性質があると考えました。

たとえば、土を落とすと地面に落ちていくのは、土は本来、下にあるのが自然な状況であり、その自然な場所に行こうとしているんだと分析したのですね。その逆のケースもあります。火花が空に向かっていく。すると、火花はそもそも空にあるのが自然であるから、上に向かっていくのだ。そういうふうに理論を立てたのです。

現代の眼からはヘンテコな理論に見えますが、それは私たちが重力や万有引力の法則を知っているからでしょう。

紀元前四世紀の段階で、アリストテレスはさまざまな自然現象を分析して、仮説を立てました。そのなかには音速と光速の関係のように、今から見ても正しい仮説がある一方、物体の運動についていては、勝手な決めつけをしてしまったのです。

ただ、そのどちらもまだ「実証」という手続きには至っていません。観察をすれば、仮説はいろいろ立てられます。でも、その仮説は、さきほど説明したような**検証という手続きを経て実証しないと、勝手な決めつけになってしまう**ということです。

科学と神学

それでもアリストテレスが活躍した古代ギリシャは、科学的な発想や考え方が豊かな時代でした。たとえば、ソクラテスやプラトン以前の自然哲学者と呼ばれる人々は、自然を観察しながら、「世界は何からできているのだろう?」と考えて、「水からできている」とか「原子からできている」とか、さまざまな仮説を唱えていました。

ところが、やがてローマ帝国がギリシャの地域を支配し、さらに中世になっていくと、急激に科学的な思考法がおろそかになっていきます。そこにはローマ帝国が三九二年にキリスト教を国教にしたことが大きく関係しているのではないかと言われています。

ギリシャ神話に大勢の神々が登場することからもわかるように、古代ギリシャは多神教の世界です。しかしキリスト教徒にとって多神教徒は異教徒ですから、異教徒の考え方は、キリスト教徒が神について考えることの邪魔になると考えました。だから、そんなギリシャ的な発想や学問は排除して、キリスト教の神のことだけを考えなさいということになっていきました。

これが中世になると、キリスト教を学ぶことそれ自体が立身出世につながっていきます。当時の優秀な学生はキリスト教の神学を学ぶ。キリスト教を極め、神学の学者になることによって、教会の中で出世する道が生まれてきます。

科学的なことを考えても出世はできないし、豊かにもなれない。その結果、科学が次第におろそかになっていった。そういうプロセスを経たのではないかということです。

余談になりますが、私はこのことをイランに行って実感しました。イランには、ゴムという宗教都市があります。かつてイラン・イスラム革命を主導したホメイニ師は、このゴムにある神学校で研究をしていました。そこを訪れると、イランでトップレベルの優秀な人々が集まっています。

イランはイスラム教のシーア派が多数を占めています。イランにおいては、シーア派の学問を学ぶことが最も優れたこととされており、彼らはシーア派の神学を深く学び、じつに精緻（せいち）な議論を組み立てていくのです。

彼らを見て「欧米だったら、こういう優秀な学生たちはきっと科学の道に進むはずだ」と思いました。彼らが理学部や工学部に行けば、科学や技術の発展にさまざまな角度から貢献できるでしょう。イランでは優秀な才能が科学に向かわず、神学に吸収されているわけです。

中世において、イスラム世界ではヨーロッパよりも自然科学が発展しましたが、近代以降に科学や技術の発展が遅れてしまったことには、そんな理由もあるのかもしれません。

「それでも地球は回っている」？

話を戻します。ローマ帝国がキリスト教を国教化し、その後の中世では、キリスト教神学が出世の道になったことで、科学的な思考はおろそかになっていきました。

それが大きく変わるのが一六世紀、コペルニクスの登場によってです。

キリスト教では、地球が宇宙の中心で、太陽も他の星々も地球を中心に回っているというふうに考えてきました。しかしコペルニクスは、それを疑います。本当は地球が太陽のまわりを回っているのではないかと考えた。この天動説から地動説への転換を**「コペルニクス的転回」**といいます。

コペルニクス的転回は、ものごとの考え方が一八〇度変わるという意味で使われます。それは、コペルニクスが、地球が中心だというキリスト教的な考えとは正反対に、地球は太陽のまわりを回っていると主張したことに由来しているのです。

このコペルニクスの発見をさらに発展させたのが、一六世紀半ばに生まれたガリレオ・ガリレイでした。一七世紀に入ると望遠鏡が発明され、ガリレオはいち早く望遠鏡を使って、天体観測を始めます。

彼が天体望遠鏡で月を見ると、今までの見え方とまったく違っていました。月は丸い球だと思われていたのに、望遠鏡で見るとでこぼこだらけです。ほかにもガリレオは、金星には月と同じように満ち欠けがあることや、木星の衛星を発見しました。

これらの観察結果は、いずれも地動説で考えると説明がつくものです。金星の満ち欠けにせよ、木星の衛星にせよ、地球が太陽のまわりを回っているという仮説を立てたほうが、矛盾がなく理解できる。そこでガリレオは、地動説が正しいことを確信するようになるわけです。

キリスト教のカトリックには正統な考え方があり、それに反する主張をした人間は異端審問という宗教裁判にかけられてしまう。ガリレオも宗教裁判にかけられた結果、終身刑を言い渡されてしまいます。終身刑といっても、実際には軟禁される程度で収まったのですが、この宗教裁判のときに、ガリレオは「それでも地球は回っている」とつぶやいたと言われています。

でも、これは本当でしょうか。いったい、誰がそのつぶやきを聞いたのでしょう。異端審問の最中に、そんなことをつぶやいたら、それこそ終身刑では済まないことになります。

こういう歴史的な事柄に対しても、「ちょっと待てよ。誰がそれを聞いたんだろう」とツッコミを入れてみる。そういう科学的な発想が大事です。

実証的には、ガリレオがそのようにつぶやいたという記録はありません。一説では、後世の人の創作ではないかと言われていますが、これもまた、裏づけとなる記録はありません。本当に言っていたかもしれないし、そうでないかもしれない。記録に残っていない以上、「わからない」としか言えません。

ガリレオの話には続きがあって、カトリック教会は一九九二年になって、ガリレオの裁判が誤りだったことを認めました。そのときのローマ法王がヨハネ・パウロ二世です。

間違いを潔く認めたヨハネ・パウロ二世に私は好感を持ちましたが、一九九二年というとガリレオが死んでからちょうど三五〇年。ずいぶんと長い時間を経て、ガリレオの無罪が確定したということです。

「われ発見せり！」に至るまで

コペルニクス、ガリレオの時代を経て、登場したのがニュートンです。

ガリレオのエピソードと同様、ニュートンがリンゴの落下を見て万有引力の法則を思いついたというエピソードは本当ではないかもしれない、と言いました。

　このエピソードの真偽はともかくとして、ニュートンは何かの物体が落ちるのを見て、「どうして落ちるんだろう?」といつも考えていたからこそ、万有引力という仮説を生み出すことができたのでしょう。

　当たり前の話ですが、多くの人がリンゴが落ちるのを見ているはずです。でも、ニュートンだけがそこから「なぜ月は落ちてこないのか?」と考えて、万有引力の法則にたどりついた。ふつうの人とニュートンの違いは何でしょうか。

　それは森羅万象（しんらばんしょう）に疑問を持ち、いつも問題を考え続けていたということでしょう。これは大事なことです。もともと考えたり疑問を持ったりしていなければ、ひらめきようがありません。

　アルキメデスの原理だってそうです。

　アルキメデスは、王冠のなかに金がどのぐらい入っているのかを、王冠を壊さずに調べろと命令を受けます。延々と考えても、わからない。あるとき、風呂に入ってお湯がザザっとあふれるのを見て、「あ、これだ」と気がつき、「ユーレカ！（Eureka）」と叫んだと言われています。「われ発見せり！」ということですね。

アルキメデスにせよ、ニュートンにせよ、**一つの問題をずっと考え続けたからこそ、何かがきっかけとなって、その謎を解くアイデアに思い至った**わけです。

ちなみに、ニュートンがケンブリッジのトリニティカレッジで教えていたころに、イギリスではペストが流行していました。そのために、大学が閉鎖されてしまいます。大学が閉鎖されたことによって、ニュートンは学生に教えるという義務から解放され、実家に帰って、ゆっくり研究に専念できました。その結果、万有引力の法則というアイデアに行きついたと言われています。「だから学生に教えることに時間を取られたくないんだ」などと思っている大学教授もいるでしょうね。その人がニュートン級の発明・発見ができるかどうかは不明ですが。

科学は「やったぜ！」で発展した

科学者たちは、なぜ難しい問題を考え続けてきたのでしょうか。科学者がさまざまな発見をすることで科学は発展し、私たちの生活を豊かなものにしてきました。でも、一つひとつの発見がすぐに実用に結びつくわけではありません。実際、生活には直接的に役立たないような研究だってたくさんあります。

にもかかわらず、科学者が研究をするのはなぜでしょう。それは、問題を解くことで、**「満足感」という報酬**が与えられるからではないでしょうか。

自然現象を観察して、仮説をつくってみる。その仮説で、世の中のことが見事に説明できたとき、アルキメデスのように「**やったぜ！**」と思い、満足感を得るわけです。

この満足感が欲しくて、さまざまな科学者が研究をしていった。何かを研究したからといって、お金がもらえるわけではありません。自分のこの仮説で、世界をよりよく説明できるという満足感が、科学を発展させる原動力になったのではないでしょうか。

これはなにも自然科学だけに限りません。経済学の世界でも、経済学者がある理論を立てて、それで世の中の経済の動きが説明できれば「やったぜ！」と思うでしょう。

読者のあなたも、日常のさまざまな場面で、「なぜこんなふうになっているんだろう？」と疑問を持ち、自分なりの仮説を立ててみてください。その仮説でたくさんの物事をうまく説明できたら、「やったぜ！」と思うでしょう。その満足感を味わうことで、科学的な思考に慣れ親しむことになっていくはずです。

現代のサイエンス六科目

さあ、ここまで「科学的な思考」とはどういうことかを解説してきました。私たちにとって科学的な思考は武器になります。この武器を身につければ、サイエンスのさまざまな知識を手元にぐっと引き寄せて、身近なものとして考えることができるでしょう。

それでは、現代を生きる私たちが手元に引き寄せておくべきサイエンスとは何でしょうか。冒頭で述べたような、社会のありかたから国際情勢、そして地球の未来までを自分の頭でしっかり理解し、考えるうえで役に立つ科学的知識とは何でしょうか。

私が考える「現代のサイエンス」は六つ、次のようなものです。

①物理

古代ギリシャの時代から、人間は**この世界をつくり上げている究極の要素は何だろう**と考え、さまざまな仮説を立ててきました。その問いは、やがて物理学の進展とともに、**素粒子の発見**に至ります。

素粒子は原子よりも小さな粒です。原子をもっと細かく分解したらどうなるのだろう？そんな疑問から発見された素粒子は、現代では宇宙誕生の謎を解く手がかりにもなっています。

しかし同時に、原子より小さな粒には、途方もない「力」が隠されていました。**人類はその力を取り出して、原子爆弾をつくり、原子力発電所をつくりました。**

日本は、アメリカに原爆を落とされ、三・一一では深刻な原発事故が発生しました。被爆国がなぜ、今度は被曝国になるような状況を生み出したのか。原爆のエネルギーがなぜ、発電にも使われるようになったのか。それを歴史的に検証することで、原子力というエネルギーを扱うことの課題も浮き彫りになってくるでしょう。

②化学

物理学が物質をどんどん細かくしていくのに対して、化学は**物質の多様性**に目を向けます。水素、窒素、炭素、酸素など、さまざまな元素にはどんな性質があるのだろうか？ 物質同士を反応させると何が起きるのだろう？ こうした疑問や好奇心が化学という学問を発展させてきました。

そして現在、**水素という元素が生み出すエネルギーに大きな期待が寄せられ、実用化をめざした研究が進んでいます。**

リスクの大きい原子力発電に代わって、水素エネルギーが中心となる水素社会は実現可能なのか。またそのために乗り越えなければならない課題とはどのようなものか。化学は未来のエネルギーとも大きく関係しているのです。

こうした化学研究の成果は、物理学以上に私たちの生活に根を下ろしています。ビニール袋（正確にはプラスチック袋）やペットボトルも、化学反応なしに生まれません。私たちは化学物質に囲まれて生活していると言っても、過言ではないでしょう。ならば、私たちも化学物質がもたらす恩恵やリスクについて、理解を深める必要があるのです。

③生物

宇宙の誕生とともに、生命の誕生も謎に満ちています。**どうやって生命は地球に生まれたのか。**いまだに完全な解答(回答)は得られていませんが、有力な仮説はいくつか提出されています。

生命誕生ののち、単細胞生物が多細胞生物となり、私たち人間にまで変化してきた理由を解き明かしたのが、**ダーウィンの進化論**です。進化論もまた、科学という営みである以上、仮説ではありますが、とても強力な仮説です。

この進化論と密接な関係にあるのが、**遺伝子研究**です。人間も含めた動植物の遺伝子が次々と解読され、今や遺伝子そのものを人工的に改良する研究も進んでいます。そこで生じる倫理的な問題にも、私たちは関心を向けなければなりません。

④医学

生物のしくみがわかってくると、それは医学となって応用されていきます。

人間は大昔からさまざまな病気に遭遇するたびに、多くの犠牲者を出しながら、その病原体を発見し、治療法を牛み出してきました。そして、その病原体と戦うなかから、**細菌やウイルス**というものを発見することができたのです。

医学の対象も、どんどん小さなものになっていきます。すると、遺伝子の研究もまた医学に応用されていくことになる。山中伸弥教授がつくったｉＰＳ細胞によって、医学は**再生医療という夢の治療法**にたどりつこうとしています。

しかし、夢の治療法が実現しても、問題はみんながその恩恵にあずかれるのか、ということです。一握りの金持ちだけが再生医療を受けられるとしたら、それは社会問題になってしまうでしょう。

新しい科学技術が発見されると、**それをどう受け入れるのか**という新しい課題が生じます。これもさまざまな科学に共通して言えることです。

⑤**地学**

日本は地震大国として知られています。では、地震はどのようなメカニズムで起きるのか。ニュースでよく言われる「**首都直下地震**」や「**南海トラフ巨大地震**」とは、どのようなものなのか。

私たちが住んでいる地球上の大陸は、過去から現在まで、少しずつ動いています。地震もまた、大陸が動くのと同様のメカニズムで発生することがわかってきました。

しかし、メカニズムはわかっても、地震がいつ起こるかという予知はいまだできません。また、地震と火山活動との因果関係も確実にはわかっていないのです。

自然災害に対して、冷静な態度で受け止めて適切に対処するうえでは、**どこまでが解き明かされていて、どこまでが未解明なのか**を正確に理解しておくことが大切です。そのことをはっきりと教えてくれるのが、地学なのです。

⑥環境問題

私たち人類が、これからも生き延びていくために、避けて通ることができないのが環境問題であり、その筆頭となる課題が**地球温暖化**です。

地球温暖化には、さまざまな反論も寄せられています。地球は本当に温暖化しているのかどうか。この論争を読み解くことは、科学的な発想や思考法の応用問題となるでしょう。

では、現実に世界各国は、温暖化に対してどのような策を講じてきたのか。それは本当に有効性があるのか。

サイエンスの力で温暖化という現象が突き止められても、**それを食い止めるには、政治や経済の力が必要です**。愚かな指導者の政策が、おそろしい自然破壊をもたらしてしまうこともあります。

今や環境問題は地球全体の問題ですから、課題を見誤ったり、対処の仕方を間違えたりすれば、地球全体を破滅させる危険性すらあります。だからこそ、私たちはサイエンスという観点から、環境問題に関する知識や情報を見極める力を身につけなければなりません。

以下、このような視点から六科目のエッセンスをお話ししていきます。

科学とは「疑うこと」からスタートします。そこから仮説が立てられ検証されることで、さまざまな発見に結びつき、歴史を動かし、私たちの生活を大きく変え、そして未来をも左右していきます。以下の講義を通じて、物理から環境問題まで、科学の背後にはこのプロセスが存在することが理解できるでしょう。

そして、核兵器から原発、水素エネルギーから再生医療、首都直下地震から地球温暖化まで、世の中のことをしっかり把握できたとき、あなたはアルキメデスのように「やったぜ！」と思い、満足感を得るかもしれません。

長い前置きになりました。それでは、現代のサイエンス六科目の講義を始めましょう。

第一章　素粒子から原子力まで

――「物理」の時間

素粒子から宇宙まで

物理というと、あなたはどんなことをイメージするでしょうか。高校の物理の授業で最初に学ぶのは「**力学**」という分野です。これは、小学校で習う「てこの原理」「てんびんの原理」の延長にある分野ですね。

自然界ではどんな力が働いていて、物体に作用しているのか。重力も万有引力も「力」です。サッカーボールのような物体も、力を加えないと動きません。このように自然界で働くさまざまな力を調べ、計算するのが力学という分野です。

でも、最近のノーベル物理学賞を見ると、クォークやニュートリノなど、「**素粒子**」に関係する研究が受賞することが多くなっています。

これはどういうことでしょうか。

物理は、物体の力も研究するけれど、物体を構成する小さな部品同士の関係にまでメスを入れます。物体を細かく分解していったら、素粒子というものに行き着いたのです。

同時に、この素粒子をいろいろ分析することは、「**宇宙がどのように生まれたのか**」を説明することにもつながっていきました。あらゆる物体が何からできているのかを研究することは、そもそも宇宙はどのようなプロセスを経て生まれたのかを研究することでもあるのです。

その接点となっている**究極の要素**が素粒子なので、素粒子に関する研究がノーベル物理学賞を受賞するわけです。

最も小さな素粒子から広大無辺(こうだいむへん)な宇宙まで——物理とはかくも壮大なスケールの学問なのです。

世界を細かく分けていく

素粒子とは「究極の要素」であると言いました。では、そもそも素粒子とは何なのか。

私たち人間の体は、たくさんの細胞からできています。その細胞を分けていくと、**分子**というものになる。さらにこの分子を分けていくと、**原子**というものになります。

昔は、原子が物質のいちばん小さな部品だと思われていましたが、科学はさらに、この原子も分解しました。原子を分けると、どうなっていたか。原子は、**原子核**と原子核のまわりを回っている**電子**に、分けられることがわかったのです。

そうなると、もっと細かく分けられないかを知りたくなるでしょう。研究が進むと、原子核と電子のうち、電子は分けることができないけれど、原子核はさらに**中性子**と**陽子**に分けられることがわかりました。

人間の知的好奇心は止まりません。今度は、中性子と陽子をもっと細かく分けられないか、ということになります。すると、じつは中性子や陽子も、さらにバラバラの粒に分解できることがわかります。その粒を「**クォーク**」といいます。

なぜ「クォーク」と呼んだのかというと、これは文学に由来しています。作家のジェイムズ・ジョイスが一九三九年に刊行した『フィネガンズ・ウェイク』という小説がありまず。この作品のなかで、鳥がクォーク、クォーク、クォークと三回鳴くシーンがあります。そこから、じゃあクォークと名づけようということになったのです。「三回」がポイントですが、これは後ほど。

こういうふうに、物体をバラバラに分けていって、**もうこれ以上分けられないという要素**が素粒子です。英語で言うと「エレメンタリー・パーティクル（elementary particle）」。エレメンタリーは「基本の」とか「初歩の」という意味ですね。たとえば、エレメンタリー・スクールは、「小学校」という意味です。パーティクルは「粒子」。ですから、この私たちの世界をつくっているいちばん小さな粒が素粒子ということです。今お話ししたクォークも電子も素粒子です。

少し脱線しますが、それ以上割ることができない数字のことを、数学では「素数」といいます。たとえば4という数字は1でも割れるし、2でも割れます。でも3は1と自分自身でしか割ることができない。同様の数字は3の前では2、その後は5、7、11、13、17……と続きます。これらの数字はみな、自分自身と1以外では割り切ることができない。これが素数です。

素粒子の「素」は、素数の素と同じです。つまり、これ以上分けることができないから素粒子といい、それ以上割ることができないから素数というわけです。

素数というのは理系の人にとっては独特の魅力があるらしく、私が教えている東京工業大学には、素数が好きな学生が大勢います。彼らはみな、自分が好きな素数を持っていて、しかも、自分が好きな素数がいかに「優れて」いるかということをしゃべりだすと、話が止まりません。7が好きな人がいるのはなんとなくわかりますが、17が好きだという人もけっこういます。17という素数がなぜ美しいかを熱をこめて話されても、私は苦笑するしかありませんが。

物体は三つの素粒子でできている

ずいぶんと複雑な話になりましたね。素粒子についてまとめておきましょう。

物理学では、原子をさらに分けていったら、原子核とそのまわりを回っている電子に分けることができた。そして原子核自体が、中性子と陽子に分けられるということがわかり、中性子と陽子もクォークからできていることがわかったわけです。

これはまさに科学的な方法です。私たちは、この世界がどのように成り立っているのかを知りたい。そのために、とにかく分けていけば、世界を構成するいちばん小さな要素が見つかるに違いない。このように、**物体や物質を細かい要素に分けていけば、正しい知識が得られるという考え方を「要素還元(かんげん)主義」といいます。**「還元」は戻すことですから、要素に戻して理解しようということですね。

では、クォークはそれ以上は分けられないのか。当然、そう考えたくなりますが、ここから話がさらに込み入ってきます。

当初、クォークには三種類あるのではないかと予想されました。だから、鳥が三回鳴く小説のシーンにちなんで、クォークと名づけられたのです。

しかし、実際にはクォークは二種類だということがわかりました。その二つを「**アップクォーク**」と「**ダウンクォーク**」と呼びます。具体的には、中性子はダウンクォーク二つとアップクォーク一つからできているのに対して、陽子は逆にアップクォーク二つとダウンクォーク一つからできています。

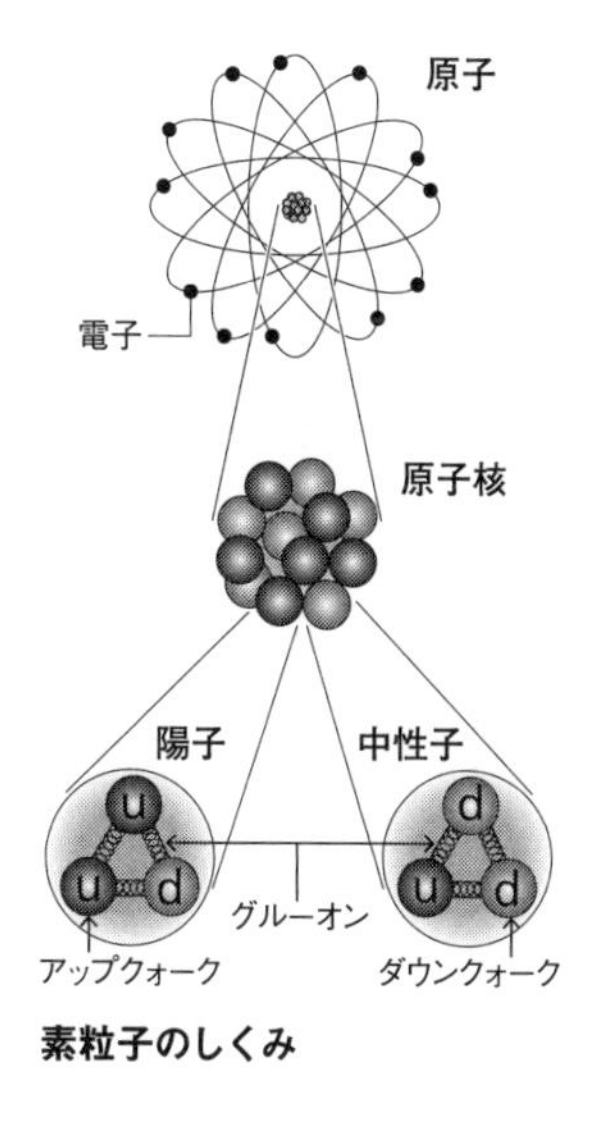

素粒子のしくみ

ここまでをまとめると、**すべての物体は、電子とアップクォーク、ダウンクォークという三つの素粒子でできていること**になります。地球に存在する物体に関して言えば、これらがいちばん小さな要素です（宇宙にまで視野を広げれば、特殊な条件のもとで生まれる素粒子があと四つ存在します）。

おばけのようなニュートリノ

さあ、それでは私たちがニュースでよく聞く**ニュートリノ**とは何なのでしょうか。

じつは宇宙には、地球上にはない素粒子も飛び交っています。そういった素粒子も含めると、宇宙には一六種類の素粒子があることがわかってきました。

そのうちの三種類を占めるのがニュートリノです。覚える必要はありませんが、ニュートリノには、電子ニュートリノ、ミューニュートリノ、タウニュートリノという三種類があります。

これらのニュートリノは、宇宙では大量に飛び交っていますが、あまりに小さいので、おばけのように物体をすり抜けてしまいます。だから地球もすり抜けてしまう。そこで、なんとかニュートリノをつかまえてやろうとしてつくった巨大な水槽（すいそう）が**スーパーカミオカンデ**です。物理学者の小柴昌俊さんは、カミオカンデによってニュートリノの観測に成功したことで、二〇〇二年にノーベル物理学賞を受賞しました。

余談ですが、小柴昌俊さんを「週刊こどもニュース」にゲストとしてお呼びしたときのこと。番組では小柴さんの業績を子どもたちにわかるように説明しなければいけません。ディレクターといっしょに知恵をしぼり、「おばけのようなニュートリノ」というたとえをひねり出しました。小柴さんにおうかがいを立てたところ、「お！　面白いアイデア、それはいいですね」とお墨つきをもらうことができ、安心してこのたとえを使うことができました。

さて、このニュートリノも含めた一六種類の素粒子のうち、一二種類は物質を構成する部品です。まず初めに、**宇宙は一二種類の素粒子が組み合わさってできている**ということがわかりました。

部品がわかったのだから、これで宇宙はすべて説明できるだろうと思ったら、そうはいかなかった。というのも、素粒子がバラバラに飛び交っているだけでは、原子のようなまとまりは生まれないからです。

だったら、バラバラの素粒子をくっつけるものがあるはずだ。言ってみれば、糊(のり)のようなものが必要になるはずだから、それを探そうということになりました。

こうして見つかったのが、**グルーオン**という素粒子です。グルーオンという素粒子によって、さまざまな素粒子がくっつき、中性子や陽子ができる。それが原子核になり、電子といっしょになって原子になる。グルーオンの「グルー」とは、文字どおり「糊」の意味です。つまり、糊に当たるグルーオンがあることで、素粒子がくっついて、いろんな物質ができてくるということがわかりました。

素粒子同士はくっつくだけではなくて、反発もしている。だったら、反発する力を与えている素粒子があるに違いない。そうして発見されたのが「**光子**」と呼ばれる素粒子です。そしてさらに、グルーオンと光子以外にも、「弱い力」と言われる二種類の素粒子が見つかりました。それらをWボソンとZボソンといいます。

グルーオン、光子、Wボソン、Zボソン――これら四種類は、一二種類の部品となる素粒子の間で「力」として働く素粒子です。**部品となる一二種類の素粒子と、それらをくっつけたり、反発させたりする力として働く四種類の素粒子**。これで合計一六種類の素粒子ということになりますね。

ヒッグス粒子の発見

こうして一六種類すべてがわかり、これで宇宙が説明できるかというと、そうは問屋がおろしません。これだけでは説明できないことがある。それが「**質量**（しつりょう）」、つまり重さです。

私の前著『おとなの教養』で、宇宙の誕生について説明しました。「**インフレーション理論**」と呼ばれる最新の宇宙論では、ほとんど無に近いような粒子が急激に膨張（ぼうちょう）して、それが火の玉のようになってビッグバンという突然の爆発が起きたと考えられています。

ビッグバンが起きると、最初はとてつもない高熱で、さまざまな素粒子が飛び交っている。ところが素粒子が飛び交っていても、質量がなければ、そもそもくっついたり、反発したりすることはできません。

そこで、勝手に飛び回っている素粒子に、質量を与える素粒子がなければならない。そういう仮説を立てた人物が、イギリスの物理学者ピーター・ヒッグスでした。

彼は、東京オリンピックが開かれた一九六四年に、宇宙が始まったときに無秩序に飛び回っている素粒子を動きにくくし、重さを与えるような素粒子があるに違いないと予測しました。この予測から、その素粒子は「**ヒッグス粒子**」と呼ばれました。存在が確認され

		第1世代	第2世代	第3世代
物質を構成する素粒子	クォーク	アップ	チャーム	トップ
		ダウン	ストレンジ	ボトム
	レプトン	電子ニュートリノ	ミューニュートリノ	タウニュートリノ
		電子	ミュー粒子	タウ粒子

「力」として働く素粒子
グルーオン（強い力）
光子（電磁気力）
Wボソン（弱い力）
Zボソン（弱い力）

ヒッグス粒子

宇宙を構成する17の素粒子

ないまま、名前だけ与えられたのです。

　さきほど説明した一六種類の素粒子に、ヒッグス粒子を加えると一七種類になります。この一七種類の素粒子のうち一六種類は見つかったのですが、ヒッグス粒子だけは実際には発見できないままでした。しかし、世界中の学者がヒッグス粒子をなんとか見つけ出そうと研究や実験を重ね、とうとう二〇一二年に、欧州合同原子核研究機構の実験チームがヒッグス粒子を発見したのです。

　ヒッグス粒子のように、**その正体がよくわからないけれど、何かあるに違いないという予測**は、科学の営みではよく見かけるものです。

　A型肝炎(かんえん)やB型肝炎という病気がありますね。当初は二種類の肝炎ウイルスが見つかり、A型肝炎、B型肝炎と名づけられました。ところがA型肝炎ウイルスも、B型肝炎ウイルスも見つからないのに、肝炎の症状が出るケースが見つかった。ということは、未知のウイルスがあるに違いない。これは「非A非B型肝炎」と名づけられました。つまり、A型でもB型でもないけれど、肝炎の症状はある。でもまだウイルスが見つからなかったので、「非A非B型」とひとまず名づけておこうということです。

やがてそのウイルスが突き止められます。そこで、そのウイルスは「C型肝炎」と名づけられました。

ヒッグス粒子の場合も、一六種類の素粒子では説明がつかないことにヒッグスさんが気づき、もう一つの素粒子があるだろうと予測した。そしてその四八年後に、現実に発見されたということになります。ヒッグスさんも、**疑問を持つことからスタートした**わけです。

宇宙は粒からできている

これまでの説明からおわかりのように、現代の物理学の面白さは、物体をつくっているいちばん小さな要素を調べていったら、それが宇宙といういちばん大きなものを説明することにつながっていったということにあります。

インフレーションとビッグバンによって宇宙が生まれた直後は、重さのない素粒子がでたらめに飛び交っていた。ところがヒッグス粒子は、他の粒子が飛び交うのを妨害して、水飴(みずあめ)のようにまとわりつくのです。まとわりつくことによって、いろんな粒子が遠くへ飛ばなくなり、質量が出てきた。質量ができることによって質量同士が結びつき、原子核が生まれ、原子が生まれていった。それがやがて星になり、太陽ができ、地球ができていった。

序章でもお話ししたように、古代ギリシャの自然哲学者たちは、さまざまなモノが何からできているのだろうかと考え、それぞれ仮説を立てました。そのうちのデモクリトスという人物は、あらゆる物体・物質は「原子」という粒からできているという仮説を立てました。原子のことを英語で、「アトム」といいます。アトムの語源であるギリシャ語のatomonには、「それ以上分割できないもの」という意味があります。

もちろん当時、実際に原子を見る技術はありません。やがて時代を経て、技術が進むと、人類は実際に原子や分子を見ることができるようになり、さらにそれを細かく分割して、素粒子にまでたどりついたのです。

一方で、宇宙誕生の研究を進めていくと、ここでも素粒子の働きを解き明かし、実際に発見することが重要な研究テーマになりました。

人間も世界も宇宙も粒から始まり、そして粒からできている。物理学は、宇宙の究極の原理を探そうとして、素粒子にたどりついたのです。

「新しい物質を生み出したい！」

さあ、ここからは、私たちの社会と大きく関係している物理の研究について見ていきましょう。

さきほど、原子は原子核とそのまわりを回っている電子に分けられること、そして原子核は陽子と中性子から成り立っていることを説明しました。

このなかで、原子の種類を決めるのは陽子の数です。たとえば陽子が一個なら水素、二個ならヘリウムです。

この陽子の数が小さいほうから順番に番号をつけたものが**原子番号**です。だから水素は原子番号1、ヘリウムは原子番号2になります。

自然界にはさまざまな元素が存在しますが、そのなかで原子番号が最も大きいのはウランの92です。つまりウランの陽子の数は九二個ということになりますね。

ウランより大きい元素は自然界には存在しません。そうなると、研究者たちは、自然界にはない元素をつくり出したくなります。ウランの原子核に中性子をぶつけると、まったく新しい元素が生まれるかもしれない。そう考えた研究者たちが、原子核に中性子を衝突させる実験を行うようになりました。

もう一つの「分裂」の物語

一九三四年、イタリアの科学者エンリコ・フェルミは、ウランに中性子をぶつけると、どうもウランではないらしいものが生まれることを発見します。いったい何が起きているのか。彼は、中性子がぶつかったことで、ウランよりも原子番号が大きい元素が生まれたのだと発表しましたが、じつはそうではなかった。実際には、**ウランの原子核が分裂をしていたのです。**

それを実験でつきとめたのが、ドイツの学者オットー・ハーンです。ただし、ハーンは独力で核分裂のアイデアに到達したのではありません。ハーンには、リーゼ・マイトナーという女性の共同研究者がいました。じつは核分裂というアイデアは、マイトナーがハーンに手紙で伝えたものだったのです。

もともとハーンとマイトナーは、ドイツでいっしょに研究をしていました。二人は、フェルミの発表を知り、その正体を解き明かそうと実験を重ねていたのです。

しかしマイトナーは、ユダヤ系のオーストリア人だったため、ナチスからの迫害を恐れて、スウェーデンに亡命することになってしまいました。それが一九三八年のことです。スウェーデンに亡命した後も、マイトナーと、ドイツに残ったハーンは、手紙で研究についていろいろと相談し合っていました。そしてマイトナーはあるとき、ハーンから「ウランの原子核に中性子を当てたら、ウランの半分ほどの質量しかないバリウムが生まれた。これはいったいどういうことか」と、アドバイスを求める手紙をもらいました。

マイトナーがそこで考えた仮説が**核分裂**です。ウランの原子核に中性子を当てたことによって原子核が分裂をし、バリウムという別のものが生まれた。そう考えれば、実験の結果をうまく説明できるだろう、と。

これが原子核の分裂に関する最初の研究結果となり、オットー・ハーンは別の研究者といっしょにこのことを発表しました。そしてこの研究によって、ハーンは一九四四年にノーベル化学賞を受賞することになります。

しかしマイトナーは、ノーベル化学賞をもらうことができませんでした。というのも、ハーンは、マイトナーがユダヤ人であることから、論文に彼女の名前をいっさい出さなかったからです。

彼女は、ハーンに対して四〇年間いっしょに研究をしてきた間に育まれた友情が、この出来事によって破られてしまったという手紙を書いています。マイトナーはユダヤ人であることによって、ドイツ人の共同研究者ハーンに裏切られた。核分裂発見の背後には、二人の分裂の物語があるのです。

マンハッタン計画スタート

一九三八年にハーンが発表した研究では、ウランの原子核が分裂するときに莫大なエネルギーが出るという予測もいっしょに報告されました。

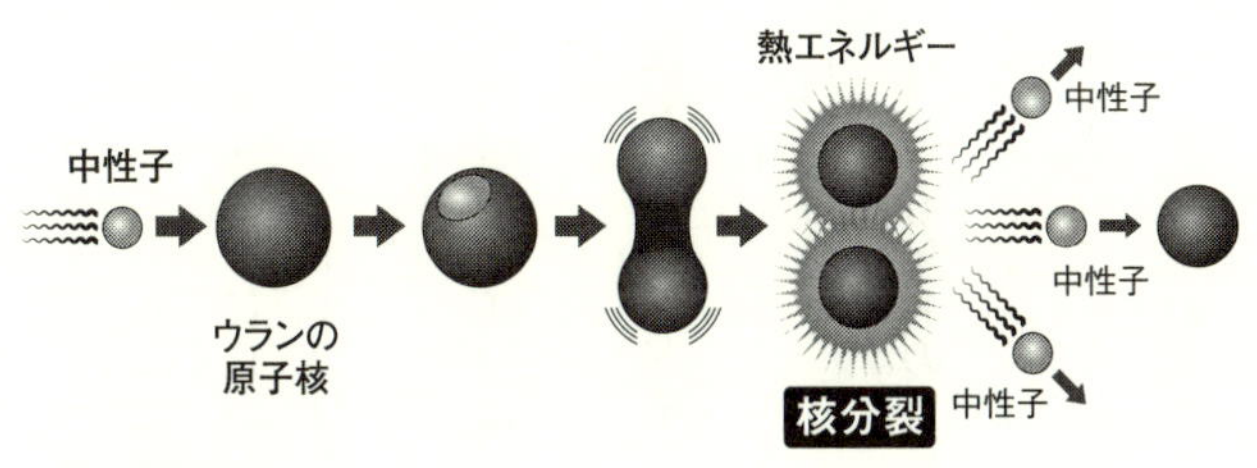

核分裂反応
（『池上彰の学べるニュース⑤——臨時特別号』海竜社をもとに作成）

ウランの原子核に中性子を当てると、原子核は中性子を吸収して不安定になり、二つに分裂します。それと同時に、複数の中性子が飛び出して、他の原子核にぶつかると、その原子核が分裂して、また中性子が飛び出す。**この連鎖反応によって、ネズミ算式に核分裂が発生します。**

一つの核分裂でも莫大なエネルギーが発生しますから、この連鎖反応を瞬時に引き起こせば、とてつもなく強力な爆弾を製造することが可能になります。これが原子爆弾の原理です。

ハーンとマイトナーの研究は純粋に科学的なものでしたが、それが原爆の製造と結びついてしまった。それはなぜかというと、二人が核分裂の原理に気づいたのは、ドイツがポーランドに攻め込んで第二次世界大戦が勃発する九か月前のことだったからです。

ナチス・ドイツが勢力を拡大していくと、迫害や弾圧を恐れたユダヤ人科学者たちは、こぞって国外に亡命を始めます。

アメリカに亡命していたユダヤ人の物理学者たちは、ハーンたちの研究を知り、ひょっとして、ドイツはウランの核分裂爆弾を作って、世界制覇のために使うのではないかと大きな危機感をいだきました。

当時のドイツは、すでにチェコスロバキアにあるウラン鉱山を支配し、ウランの対外輸出禁止にも踏みきっていました。ウランが毎週のように国内に運びこまれているという情報もあって、ドイツが核兵器の開発を進めていることは確実視されていたのです。

これは亡命していたユダヤ人科学者にとっては悪夢のような出来事です。そこで彼らは、なんとかこのことをアメリカのルーズベルト大統領に伝えなければならないと考えました。でも無名の自分たちでは、大統領に対する影響力がない。そこに白羽の矢が立ったのがアインシュタインです。ユダヤ人としてアメリカに亡命していた彼に、大統領あての手紙を書いてもらおうということになりました。

こういう経緯で、アインシュタインは大統領に手紙を書きました。「このままではドイツが核分裂爆弾を作ってしまう。その前にアメリカが作るべきだ」と。

この手紙がきっかけで、アメリカは国家プロジェクトとして大規模な核開発計画に踏みきります。それが「**マンハッタン計画**」です。この名前は、計画の直接の管理責任者が、陸軍マンハッタン工兵管区担当の技術将校だったことにちなんでいます。

この計画に投入されたお金も人も莫大なものでした。最終的には、のべ六〇万人がこの研究にあたりました。そういう一大国家極秘プロジェクトが始まったわけです。

ウラン濃縮と劣化ウラン弾

マンハッタン計画は、まず**ウランの濃縮**（のうしゅく）に成功します。

自然界には、核分裂をしやすいウランであるウラン235と、核分裂をしにくいウラン238があります。この235や238というのは、原子核のなかの陽子と中性子を合計した数のこと。その比率は、ウラン235が〇・七パーセント程度、残りのほとんどはウラン238です。

では、どのようにしてウランの濃縮を行うのでしょうか。

まず、自然界にあるウランを気体にして、遠心分離機にかけます。遠心分離機を使うと、比重の重いものが外側に行き、軽いものが内側に集まります。ウラン235とウラン238では、ウラン238のほうが中性子三個分重いので、遠心分離機でブンブン回していくと、自然に外側にウラン238が集まるのです。

欲しいのは核分裂をするウラン235ですから、外側にたまったウラン238を取り除く。そうするとウラン235の純度が少し高まります。これを繰り返していくと、次第にウラン235の濃度が高まっていくわけです。

こうしてウラン235が三~五パーセントまで濃縮されると、それは原子力発電所の燃料棒になる。さらに、この濃度が九〇パーセント以上にまで高まると、原爆に使えるようになるわけです。

ウラン235を取り出した後に残ったウラン238は不要ですから、最初は廃棄物として処理されていました。これを「**劣化ウラン**」といいます。この名前をどこかで聞いたことがありませんか? そう、アメリカ軍が、戦車の砲弾やヘリコプターの対戦車砲弾に使っている「劣化ウラン弾」ですね。

劣化ウランというのは「品質が悪い」ということではなく、使えるウラン235を取り出した残りの〝役に立たないウラン〟という意味です。

このウラン238は、最初は単なる「廃棄物」でしたが、米軍は、この劣化ウランの質量に注目しました。比重が大変に大きいので、砲弾に使うことにしたのです。

劣化ウラン弾対策

対戦車砲弾というのは、火薬が詰まったものばかりではありません。劣化ウランを固めただけのものがあるのです。この堅くて重い劣化ウラン弾が高速で撃ち出され、敵の戦車に当たると、その衝突のエネルギーで、劣化ウラン弾は高温を出して燃え上がります。この高温とスピードで、劣化ウラン弾は戦車の装甲を破って戦車内に飛びこみ、高温で燃えて戦車のなかの兵士を焼きつくしてしまいます。つまり劣化ウラン弾は、戦車を爆発させるものではなく、戦車のなかの乗員を焼死させる兵器なのです。

これに対し、戦車の側も砲弾への対応策を取るようになります。何をするかというと、砲弾から生じる運動エネルギーを、戦車の外で熱に変えてはねつけるのです。そのために、戦車の外側に火薬の詰まった水筒のような、あるいは弁当箱のようなものをいっぱいぶら下げます。これがあると、砲弾が飛んで来ても、戦車の外側にある火薬が爆発することで、はねのけることができるわけです。

このことを知っていると、ニュースの見方も変わります。紛争を報じるテレビのニュースでは、戦車が出動しているシーンが映されます。この戦車に水筒のようなものが外側についていれば、「これは本気で戦闘を準備しているんだな」とわかるでしょう。逆についていなければ、「これは単なる脅しなんだな」とわかるのです。

たとえば、ウクライナの紛争では、ウクライナ政府軍の戦車に水筒のようなものがたくさんついていました。それを見て私は、「これは本当に戦争をするつもりなんだ」と気がついたのです。

さて、この劣化ウラン弾は、「核分裂するウラン235を取り出した残りだから、放射能汚染の心配はない」というのが、当初の米軍の説明でした。

ところが実際には、微量の放射能が含まれ、高温で燃えあがった際、周囲を放射能で汚染してしまうことがわかりました。

旧ユーゴスラビアやイラクで、この劣化ウラン弾による放射能汚染が問題になっています。イラクでは、この放射能汚染が原因と見られる白血病の児童が多いことが報告されています。

リトル・ボーイとファットマン

ウラン濃縮の話に戻りましょう。

マンハッタン計画では、ウラン235を濃縮することによって、核兵器として使えるようになりました。

ウラン235は、一定量が一か所に集まると、核分裂が連鎖的に起きるようになります。このときのウラン235の量を「**臨界量**（りんかいりょう）」といいます。

濃度一〇〇パーセントのウラン235の臨界量は約二二キロ。つまり、二二キロのウラン235を一度に一か所に集めれば、中性子が連鎖的に反応して、巨大な爆発が起きるのです。これが**ウラン型の原爆**で、広島に落とされたものです。

広島型原爆は、六〇キロの高濃度のウラン235を、二つに分けて爆弾のなかに置き、仕掛けた火薬を爆発させて、片方のウランをもう一方に衝突させるようにしました。この二つが衝突していっしょになると、中性子が飛び出して、核分裂が連鎖反応を起こす状態になり、巨大な爆発になるのです。

このように広島型原爆は、ウランの塊(かたまり)を二か所に分けて詰めこむので、細長い砲弾のような形になりました。この形状から「**リトル・ボーイ**(ちびっこ)」というニックネームがつけられました。

一方、長崎型原爆の原理は、広島型とは異なります。

核分裂を起こさないウラン238に中性子をあてると、ウラン238は短期間でプルトニウム239に変化します。このプルトニウム239は、純度九三%以上で核分裂をすることが、アメリカ独自の研究でわかりました。そこで、**プルトニウム型の原子爆弾**も作ることができるようになったわけです。これが長崎に落とされた原爆です。

ただし、プルトニウムを広島型原爆のように二つに分けると、それぞれ片方の量だけでも、自然に臨界に達してしまう危険性があります。つまり、火薬で爆発させる前に、勝手に核分裂を起こしていく可能性があるということです。

そのため、プルトニウム原爆は、ウラン原爆のような原理で作ることはできません。そこで、プルトニウムを多数に小分けしたうえで、一度に一か所に集中させるという方法をとります。それぞれのプルトニウムに起爆剤をつけて、火薬を同時に爆発させることで、プルトニウムを中心部に集めて核分裂を起こさせる。これを「爆縮（ばくしゅく）」といいます。

プルトニウムの原爆は、小分けにしてつめるため、形状も丸っこいものとなりました。そこから長崎型原爆は、「**ファットマン**（太っちょ）」というニックネームがつけられたのです。

ニューメキシコ州での原爆実験

ウラン原爆とプルトニウム原爆を比べると、後者のほうが高度な技術を要します。プルトニウム原爆は、小分けにしたプルトニウムを中心部に集めて核分裂を瞬時に起こさなければなりません。そのためには、一〇〇万分の一秒の正確さで同時に起爆剤を爆発させる必要があるからです。

そのため、実際に爆発するかどうか実験が必要だと考えられました。そこで一九四五年の七月、ニューメキシコ州のホワイトサンズにある陸軍の基地で、爆発実験が行われました。

私は実際に現場に行ったことがあります。ホワイトサンズには、その名のとおり、真っ白な砂丘が広がっていました。そこでプルトニウム型の原爆を爆発させたわけです。その巨大なエネルギーによって、砂が融解(ゆうかい)し、ガラスになりました。現地でも、砂がガラスになったものがあちこちに残っていました。さらに放射能もまだ残っています。

この実験は、まったくの極秘で行われました。午前五時半、巨大なキノコ雲が立ち上がる。周辺にはもちろん人は住んでいませんが、なんと一六〇キロ離れたところまで衝撃波が発生してパニックになりました。しかし極秘の実験ですから、当時のアメリカ軍は「軍の弾薬庫が事故で爆発をした」と虚偽(きょぎ)の発表を流したのです。

ところが、この実験で発生した巨大なキノコ雲が風に乗って、遠く離れた住宅街の上空を通過していきました。その住宅街に、空から白い雪のようなものが降ってきます。ホワイトサンズですから、放射能で汚染された白い砂が巻き上げられて降ってきたのです。ちょうどその近くで、女子高校生たちがキャンプをしていました。空から白いものが降ってきます。「夏に雪が降ってきた」と、彼女たちはその白い粉に手でふれたり、あるいは頭にかぶったりして大はしゃぎをしました。やがてその女子高生たちは、次々にがんを発病し、亡くなっていきます。

また、キノコ雲が通りすぎたある地区では、自然の雨水を飲み水に使っていたものですから、やがてその地区の人たちは、ふつうは起きないようながんによって次々に亡くなっていきました。

この原爆の極秘実験によって、多くの犠牲者が出ました。私が取材したのは二〇一五年ですが、現在そこに生き残っている人たちは、世界で最初の被爆者として、アメリカ政府に損害賠償を求める運動を始めています。

広島の原爆とオバマ演説

ホワイトサンズでの実験から一か月も経たない一九四五年八月九日、プルトニウム原爆は長崎に投下されました。

じつはこの原爆は、当初、長崎ではなく小倉に落とされる予定でした。ところが小倉の上空は厚い雲に覆(おお)われていて、下の様子がわからない。そのため、雲がかかっていなかった第二予定地の長崎に原爆が落とされました。上空を雲が覆っていたかどうかが、小倉の人々と長崎の人々との運命を分けたのです。

一方、広島は、アメリカ軍の捕虜収容所がないという理由で、原爆が投下されました。しかし、じつはそうではなかった。広島に原爆が落とされた八月六日の数日前に、B24が広島県の呉(くれ)市を爆撃し、そのうちの数機が撃墜されました。その後、搭乗員一二人は、広島に送られていたのです。その結果、一二人のアメリカ軍の捕虜もいっしょに原爆の犠牲になりました。

二〇一六年五月二七日、オバマ大統領が広島の平和公園を訪れたときの演説では、「それほど遠くない過去に解き放たれた、恐ろしい力について思いを致すため、亡くなった一〇万人以上の日本人、数千人の朝鮮半島の人々、十数人の捕虜だった米国人を追悼(ついとう)するため」に広島を訪れたことが強調されました。

つまり、オバマ大統領は謝罪ではなく、アメリカ軍兵士も含めて、原爆の犠牲者の追悼に来た、という形をとったのです。

日本も原爆開発を進めていた

アメリカが、「マンハッタン計画」として知られる原爆開発プロジェクトを発足させたのは、一九四二年八月のことですが、ほぼ同時期に、日本がじつは原爆製造の研究を進めていたことをご存じでしょうか。

当時の日本でも、ドイツの学者がウランの核分裂を発見したことが科学雑誌をとおして知られていました。これを応用すれば、莫大なエネルギーが得られるのではないか。そう考えた陸軍は一九四〇年の四月、理化学研究所に対し、原爆製造に関する研究を依頼したのです。

理化学研究所の仁科芳雄は一九四三年一月、「原爆製造は可能であり、ウラン235を濃縮すればいい」との報告をまとめます。研究依頼から報告まで二年以上もかかりましたが、この間にアメリカでは、大規模な開発が進んでいました。研究開始時期には日米にそれほどの差があったわけではありませんが、この時点で、両者の差は決定的になっています。細々と個人的な研究に終始した日本と、大規模な国家プロジェクトとして推進したアメリカ。日米の研究方式の違いが特徴的です。

この報告にもとづき、日本でも陸軍航空本部の直轄研究として原爆製造が開始されます。これが一九四三年五月から始まった「二号研究」です。この秘密コードのカタカナ「ニ」は、仁科の頭文字でした。しかし、一九四五年四月の東京空襲で、実験施設が焼失し、実験は中止に追いこまれます。

一方、海軍は海軍で、独自の研究をしていました。日本の陸軍と海軍は犬猿の仲なので、お互い秘密裏に研究していたのです。一九四一年一一月、海軍は、京都帝国大学のグループに研究を依頼し、これは一九四五年になって「F研究」として本格化します。Fはfission（分裂）の頭文字でした。こちらは、ウラン濃縮の設計段階で敗戦を迎えました。

陸軍は理化学研究所、海軍は京都帝国大学。それぞれが別個に研究をしていました。すべては縦割り組織の下で進められていく。大規模な統一プロジェクトとして推進されたアメリカとは、ここでも大きな差がありました。もちろん、日本が原爆開発を早く進めればよかったと言っているわけではありません。物事の進め方において、日米でこうした差が出たということを言っておきたいのです。

日本は唯一の被爆国です。でも、その日本も、原爆の開発を密（ひそ）かに進めていたことを知ると、私たちの歴史へのイメージは変わってくるのではないでしょうか。

日本は原爆開発を本格化させる前に敗戦を迎えましたが、もしいち早く原爆を製造していたら……と考えると、背筋が寒くなってきます。

トルーマンはなぜ原爆投下に踏みきったのか

ホワイトサンズでの核実験の成功によって、原子爆弾の使用が可能になったことがわかると、マンハッタン計画に携わっていた研究者のなかには、日本に対して使われるのではないかと心配する人が出てきました。すでに日本軍は敗北を重ねていて、降伏するのは時間の問題であり、そんな状態の日本に原爆を使うべきではないと考えたのです。

それでもトルーマン大統領は、どうしても原爆を使いたいと考えました。それはソ連の存在があるからです。大戦末期、同じ連合国であったアメリカとソ連は、さまざまな点で対立するようになります。トルーマン大統領には戦後、アメリカはソ連とさらに激しく対立することになるという予想がありました。それに備えて、ソ連より圧倒的に強い立場を確保する必要に迫られていたのです。実際に使ってみせることによって、原爆の脅威を知らしめる。つまり、戦後の国際情勢をにらみアメリカはあえて原爆を投下したのです。

でも、そんなことは公式には言えませんから、後日、トルーマン大統領は、日本への原爆投下が、純粋に軍事的な視点で決められたことを強調しました。

「原爆を投下しなかったら、アメリカ兵にも日本にももっと多数の犠牲者が出たに違いない。原爆投下によって、日米双方に多大な犠牲者を出すことを防ぐことができた」——これが戦後のアメリカの公式な立場です。

しかし、ソ連に圧倒的な差をつけたいというトルーマンの目論見は、外れてしまいました。というのも、早くも一九四九年に、ソ連はアメリカとそっくりの原子爆弾を開発し、核実験をしたからです。

アメリカは衝撃を受けました。自分たちが莫大な人や金を投入して開発した原爆とそっくりのものを、なぜソ連が開発できたのか。

結論を言えば、ソ連のスパイがアメリカの設計図を写しとっていたのです。アメリカのマンハッタン計画には、さまざまな国籍の科学者も協力していました。そのなかに、ソ連のスパイがいたのです。

そのため、ソ連の原子爆弾開発は、短期間でアメリカに追いつくことができました。アメリカは、ウラン型原爆とプルトニウム型原爆の両方の開発を進めた結果、プルトニウム型のほうが短時間に小型の原爆を製造できることを知りました。ソ連は、そのような試行錯誤をすることなく、最初からプルトニウム型原爆の開発製造に注力することができたのです。

こうして、アメリカの核兵器独占はあっさり破れることになりました。

「平和のための原子力」の意図

この章の冒頭で述べたように、物理とはこの世界の成り立ちを解き明かそうという営みです。そのような科学者たちの情熱から、紆余曲折を経て核分裂が発見されましたが、それがひとたび政治的な思惑と結びつくと、核兵器という脅威が誕生し、それは現在も私たちを脅かしています。科学と政治は、ときに歪な形で結びつくことがあるのです。そのことをさらに考えるために、ここから戦後の状況を見ていきましょう。

一九五三年一二月八日、アメリカのアイゼンハワー大統領は、国連総会で演説を行い、**「平和のための原子力」**（Atoms for peace）という政策を打ち出しました。原子力を戦争の兵器として使った国の大統領が、一転して平和利用を呼びかけたのです。

演説では、原子力の平和利用を望む国にはアメリカが技術を供与するという方針が示されました。そこにはアメリカの思惑がありました。マンハッタン計画でつくり上げた原子力技術をビジネスとして成功させること、原爆製造技術が世界に拡散することのないようにアメリカが技術を一括管理するという目論見だったのです。

同時に、アイゼンハワーの演説は、アメリカ国内の世論に訴えかける目的もありました。「マンハッタン計画」は、莫大な資金がつぎこまれて巨大化したプロジェクトです。大戦が終わったからといって、おいそれと解体することはできません。解体したら、このプロジェクトにかかわっていた何万人もの技術者や労働者が失業の危機に陥ってしまいます。

そこで今度は原子爆弾ではなくて、原子力発電所という形にすれば、雇用が守られ、さらに原子力産業を発展させることができる。その主導権をアメリカが取っていこうということです。したがってこの演説には、軍産複合体制を守ろうという意図もありました。そうやって「原子力の平和利用」を謳（うた）って原子力産業を維持すれば、ビジネスしながら核開発も進めることができるわけです。

「原子力の父」登場

日本は簡単にアメリカの政策に乗りました。その旗振り役が、読売新聞の社主だった正力（しょうりき）松太郎です。彼は日本の原発導入のキーパーソンとして、力をふるった人物でした。

彼は将来の夢は総理大臣と公言していました。読売新聞で原子力利用の一大キャンペーンを張ることによって支持を広げ、原子力発電所を建設して夢のエネルギーを獲得する。その実績を引っさげて政界入りすれば、やがて総理大臣になれるだろう。そういう野心をもって、「原子力の平和利用」の旗を振ったのです。

事実、一九五五年二月、正力は郷里である富山県の衆議院富山二区で立候補して当選します。このときのスローガンとして掲げられたのが「原子力の平和利用」でした。そして議員当選後、一九五六年一月に新設された原子力委員会の初代委員長となりました。総理大臣への野望から「原子力の平和利用」を使ったのです。こうした彼の行動から「原子力の父」と呼ばれるようになりました。

　正力がまだ国会議員に立候補する前の一九五四年元日から読売新聞は「ついに太陽をとらえた」という大型連載を開始します。「原子力のエネルギーを使えば、地上に太陽をつくり出すことができる。人類は無限のエネルギーを手にしたんだ」というこのキャンペーンによって、多くの人たちが、「原子力の平和利用」という言葉を知るようになりました。

　さらに読売新聞社とアメリカ広報庁の共催で、一九五五年の一一月から三週間にわたり、「原子力平和利用博覧会」が東京の日比谷公園で開催されました。この博覧会には、三六万人もの人々が足を運び、それを読売新聞系列の日本テレビが大々的に放送します。こうしたバラ色のキャンペーンを打ち上げることで、原子力に好意的な世論を盛り立てていったのです。

　その結果、原爆であれだけ大きな被害を受けたにもかかわらず、このエネルギーをうまく使えば、明るい未来があると、多くの日本人は考えるようになりました。読売新聞がキャンペーンを始めた一九五四年から五五年にかけて、原子力に対する日本人の意識は、劇的に変化したのです。

突然の原子力研究予算

読売新聞のキャンペーンと歩調を合わせるかのように、アメリカが打ち出した「原子力の平和利用」に反応して動き出した政治家が登場します。後に総理大臣となる中曽根康弘です。当時はまだ三〇代の若手政治家でした。

一九五四年度予算で、莫大な原子力研究予算が国会で認められました。それを仕掛けたのが、保守系改進党の議員だった中曽根です。

当時、少数与党の自由党だけでは予算を衆議院で通過させることができなかったため、自由党は改進党に協力を要請しました。中曽根は、自由党の足元を見て、原子力予算を認めることと引き換えに協力することを持ちかけ、予算を認めさせたのです。

その金額は、二億三五〇〇万円。現在ならば三〇〇億円以上という巨額の予算です。なぜ二億三五〇〇万円だったのか。中曽根はこう説明しています。

二億三千五百万円という数字ですが、国会でも質問されました。どういう根拠なのか、と。これは濃縮ウラン、ウラン235の二三五です。国会では爆笑を誘いましたが、基礎研究開始のための調査費、体制整備の費用、研究計画の策定費の積み上げが、この数字に近かったというのが真相です。（中曽根康弘『自省録』）

私が二〇一二年に中曽根に取材したときにも、彼は同様の説明をしました。なんともざっくりとした計算ですが、多くの国会議員はまだ原子力についてよく知らなかった。だから、すんなりと認められたのでしょう。

突然の原子力予算出現に、原子力の専門家たちが当惑したそうですが、これをきっかけに、日本学術会議は**「原子力研究の三原則」**を打ち出しました。三原則とは「情報の完全な公開」「民主的な運営」「国民の自主性ある運営」です。

さらに、京都大学、大阪大学、東京工業大学、東京大学といった全国の国立大学に原子炉工学に関する学科や大学院のコースが設置され、原子力技術者の養成が始まりました。

「原子力の平和利用」路線は一九五五年の保守合同で生まれた自民党政権にも受け継がれ、国の機関としては、一九五六年に原子力委員会が設置されます。正力松太郎が初代委員長になったことはさきほど説明しましたが、一九四九年にノーベル物理学賞を受賞した湯川秀樹も委員に選ばれます。

湯川は、「原子力発電は慎重に。基礎研究から始めるべきだ」と主張しました。それに対して、正力は「外国から開発済みの原発を買えば済むことだ」と返します。その後の展開は、正力の発言に沿うものとなり、日本は性急とも言うべき速度で原子力発電を推進していきます。あまりに性急な展開に嫌気が差した湯川は、たった一年で委員を辞任しました。

原発建設も護送船団方式

一九六〇年代に、日本は米国のゼネラル・エレクトリック（ＧＥ）から技術を丸ごと買って、原発をつくることになりました。ＧＥの設計図どおりにつくられたのが、東京電力福島第一原発の最初の原子炉です。

福島第一原発では、非常用電源は低いところに設置されていたため、東日本大震災では津波に呑まれてしまいました。これは、ＧＥの言うとおりに設計した結果、日本の自然災害や地形の事情をよくわからないままつくってしまったことと無関係ではありません。
歴史に「もしも」はありませんが、もし、湯川秀樹の主張に従って、日本の技術者が日本に合った原子力発電の研究開発を地道に積み重ねていれば、原子力の普及は今より遅れたかもしれなくとも、福島のような事故や被害を抑える工夫をした原発をつくることができたかもしれません。

しかし、現実にはそうならなかった。必要な原発技術は海外から買えばいいということになって、ここでもまた、きわめて日本的な手法によって原発建設が進んでいきます。

日本で採用されている原発にはおおまかに二つのタイプがあります。沸騰水型と加圧水型です。ＧＥが沸騰水型を、米ウェスチングハウス（ＷＨ）が加圧水型をそれぞれつくっていました。

東芝と日立のグループと東京電力、東北電力、中部電力、北陸電力、中国電力が沸騰水型を導入しています。一方、三菱重工業など三菱グループと、関西電力、北海道電力、四国電力、九州電力が加圧水型を用いています。

ところが、この二つのタイプの原発は、原子炉の総数ではほぼ同じなのです。通産省

（現・経済産業省）が毎年一基ずつのペースで原子炉建設を認め、なぜか加圧水型の原子炉建設が交互に一つずつ認められていったのです。

戦後日本の経済政策の方針に「護送船団方式」というのがありますね。護送船団方式とはそもそも軍事用語でした。第二次世界大戦中、日本は東南アジアの各地に兵士や物資を送りこみましたが、その輸送船が米国の潜水艦によって次々と撃沈されました。その結果、船が足りなくなったので、いちばんスピードの遅い船に合わせて、全部まとめていっしょに進み、それを軍艦で守ろうということになりました。

戦後の金融政策、あるいは経済産業政策にもこの方式が使われるようになりました。典型例は大蔵省（現・財務省）です。大蔵省には「銀行は一つたりともつぶさない」という大方針があり、これが護送船団方式と呼ばれました。

通産省も大蔵省と同じように、それぞれの企業を慮り、平等に原発建設を割りふっていった、つまり、護送船団方式で進めたのではないでしょうか。二種類の原発が交互に建設された背景には、通産省の意図が透けて見えるようです。

トイレなきマンション

原子力発電所は、よく「トイレなきマンション」と言われます。これは、原発から出てくる使用済み核燃料を処理することができないことを指しています。

日本は良質なウランが採掘できないため、ウランを外国から輸入せざるをえません。そこで、使用済み核燃料に目をつけました。

使用済み核燃料からウラン235とプルトニウム239を取り出すことができれば、再び核燃料として使うことができます。ウラン235は、再処理をしたうえで原子力発電所で燃料として再使用する。プルトニウム239は、高速増殖炉もんじゅを使って、さらに増やすことができる。具体的には、ウラン238とプルトニウムをいっしょに燃料として使い、プルトニウムから出る放射線のスピードを高速に保つことで、ウラン238をプルトニウム239に変化させるというものです。この全体構想を「**核燃料サイクル**」といいます。

福井県の「もんじゅ」をはじめとする高速増殖炉は、「プルトニウムを使えば使うだけ増える」という〝夢の原子炉〟と考えられてきました。

ところが、一九九五年にもんじゅが事故を起こしてしまい、二〇一六年現在も稼働できない状態になっています。にもかかわらず、日本は核燃料サイクルをあきらめていないので、現在は、使用済み核燃料がたまり続けているのです。

一方、海外に目を向けると、フィンランドは世界ではじめて使用済み核燃料の処理を決めました。フィンランドの「オンカロ最終処分場」では、地下四二〇メートルまで岩盤(がんばん)を掘って、使用済み核燃料を埋設します。

このように、使用済み核燃料を再利用せずにそのまま処分することを「ワンスルー」といいます。ワンスルーのほうがじつは経済的であるにもかかわらず、日本はあくまでも核燃料サイクルを進めようとしています。

二〇一六年に安倍晋三内閣が閣議決定した答弁書では、「憲法九条は一切の核兵器の保有および使用をおよそ禁止しているわけではない」というびっくりするような言い方がなされていました。一九五七年に、安倍首相の祖父にあたる岸信介(のぶすけ)は「自衛のための核兵器は許される」と国会で答弁しましたが、どうやらこの方針は戦後、変わっていないようです。

そのことをふまえると、核燃料サイクルを維持しようとする意思の背景には、プルトニウムを確保することで、核兵器製造能力を維持しておこうという意図が感じられてしまうのです。

身動きの取れない日本の原発

核燃料サイクルといっても、まったくゴミが出ないわけではありません。原子力発電所からも、再処理の過程でも、高レベルの放射性廃棄物が生まれてしまいます。この高レベル放射性廃棄物の落ち着き先である最終処分場の場所が、日本ではまだ決まっていません。

原子力発電を始めれば、高濃度の廃棄物が出てくることははじめからわかっていたことです。にもかかわらず、その最終的な廃棄場所は決めてこなかった。完全に見切り発車だったということです。

燃料を使えば、ゴミが出ます。でも、処理する場所がない。フィンランドとは異なり、日本の原発はまさに「トイレのないマンション」のような状態になっているのです。

青森県の六ヶ所村には現在、各地の原発から使用済み核燃料が持ちこまれています。使用済み核燃料は、とりあえずそれぞれの原子力発電所で貯蔵されていますが、これがもう一杯になっている。どうしようもなくなったので、**六ヶ所村に中間貯蔵施設をつくって、そこに使用済み核燃料を一時的に保管するようにした**のです。プールをつくって、そのなかに入れていますが、ここもまもなく満杯になる見通しです。

注意してほしいのは、六ヶ所村にあるのは「中間貯蔵施設」であって、「最終処分場」ではないということです。青森県は、最終処分場をつくらないことを条件に、中間貯蔵施設の設置を受け入れました。中間貯蔵ですから、いずれリサイクルすることを前提としているわけです。

逆に言えば、核燃料サイクルをやめることになった瞬間、六ヶ所村にたまっている使用済み核燃料は、最終的な廃棄物になってしまいます。その場合、青森県は「最終処分場は認めない」と言っているので、「お引き取り願います」ということになります。仮にそうなったら大量にたまっている青森県六ヶ所村の使用済み核燃料は、それぞれの原子力発電所に送り返されることになる。当然、原子力発電所にもそれを受け入れる余裕はないので、間違いなくパンクします。

こういうにっちもさっちも行かない状況に、日本の原発は直面しているのです。

科学者の好奇心と錬金術の発想

核分裂というものは、原子レベルで物質を変化させようとする試みから発見されました。先にもお話ししたように、それは科学者の純粋な好奇心によるものですが、はたしてそれだけだったのでしょうか。**新しい物質を生み出したいという欲望には、どこか錬金術と同じ発想が感じられます。**

錬金術とは、自然界に存在する鉱物類を、ほかの鉱物と組み合わせ加工することで、金を生み出そうとすることです。万有引力の法則を発見したニュートンも、じつは錬金術の研究に熱中していたことが記録として残っています。

科学者の好奇心と錬金術の発想が合体して、核分裂が発見され、ウランをプルトニウムに変化させることもできるようになりました。

それが第二次世界大戦中に原子爆弾となり、戦後になると、営利目的から「原子力の平和利用」という名のもとの産業化が進められました。

その結果が、福島第一原子力発電所の事故です。多くの人が故郷を奪われ、避難所暮らしを強いられています。事故を起こした原子炉は四〇年もかけて廃炉にしなければなりません。たまり続ける廃棄物の最終処理場もまだ決まらないままです。

自分たちが創り出してしまったエネルギーを、どう処理していいかわからない。それが日本社会の現実なのです。

物理の授業が〝社会学〟の時間になってしまいましたね。でも、サイエンスが歴史を動かし、未来をも左右することがおわかりいただけたことと思います。

第二章　水素エネルギーのメカニズムとは？

——「化学」の時間

物理と化学の違いを知っていますか

物理と化学はどこが違うのでしょう。あなたは、すぐに答えられますか。

前章では、物質をどんどん分解していくと原子にたどりつくこと、原子は原子核と電子からできていることをお話ししました。さらに、原子核は陽子と中性子からできていることも説明しました。

物理はそこから、さらに細かい要素を見つけ出そうとして、素粒子にまで行き着いたのです。このように、物理とは宇宙をつくる究極の要素や法則を探し出そうとする学問でした。

一方、化学の授業でも、原子の構造について学びます。その点で、物理と化学は異なるものではありません。そもそも自然科学というのは、「自然」を相手にするのですから、研究する対象が重なってくるのは当然です。

ただ、化学の場合は原子をさらに分解する方向には向かいません。**水素、酸素、炭素など、さまざまな種類の元素を学ぶことで、物質の性質や変化について研究していく**のが化学という学問の特徴です。

たとえば、化学では元素の周期表というのを学びますね。「水兵リーベ……」（水素、ヘリウム、リチウム、ベリリウム）と、周期表を暗記した人も多いでしょう。

周期表で並んでいるさまざまな元素を見ると、不思議な気分にとらわれます。水素も酸素も、原子核（陽子＋中性子）と電子という同じものからできている。でも、その数が違うだけで、まったく性質の異なる物質になるのです。

しかも、物質同士の間で、化学反応が起こります。火を燃やすことだって、化学反応ですね。燃やすというのは、物質が酸素と反応するということです。これを「**酸化**」といいます。鉄が錆びるのも、同じように酸化です。これは鉄が酸素と結びついて、赤褐色の酸化鉄という物質に変化したということです。

現代では、こうした化学反応を研究してきた結果、「**水素エネルギー**」という新しいエネルギーを取り出す方法が実用化されようとしています。

しかし同時に、物質同士の化学反応によって生まれたおびただしい数の化学物質は、**さまざまなリスクも生み出してきました**。

この章では、そんな化学の営みについて考えていきます。

電気が流れるしくみ

原子の構造について、簡単におさらいしておきましょう。

前章でも、原子番号というものを紹介しました。水素が1、ヘリウムが2、リチウムが3ですが、この原子番号とは何でしょうか。

これはとても簡単で、それぞれの陽子の数だということです。ですから、水素の場合は一個の陽子、ヘリウムの場合は二個の陽子だということですね。ウランの原子番号は92ですから、ウランの原子核には九二個も陽子があるということになります。

原子番号が便利なのは、どんな原子も、陽子の数と電子の数は同じだからです。そうすると、水素原子は陽子が一つだから電子も一つ、ヘリウム原子は陽子が二つだから電子も二つということがわかりますね。

では、陽子と電子の数が同じだということは、何を意味しているのでしょうか。

陽子と電子は、それぞれ電気を帯びています。化学用語では「電荷（でんか）」といいます。陽子はプラスの電荷、電子はマイナスの電荷を持っているので、陽子と電子の数が同じだと、それぞれ打ち消し合って中性になる。つまり、どんな原子も電気的には中性だということになります。

でも、世の中には銅やアルミニウムなど、電気を通す物がたくさんありますね。

一個の原子というのはとても小さいもので、世の中の多種多様な物質は、そうした原子同士がいろいろな方式で結合してできあがっている。たとえば空気中の酸素は、酸素原子ではなく、O_2という酸素分子として存在しています。これは酸素の二つの原子が結合しているのです。あるいは、銅のような金属は、分子をつくらず、原子同士が結合してできています。

こうして**さまざまな方式で原子が結合してできた物質には、もとの原子とは異なる性質が生まれるようになります**。たとえば銅の場合、原子が結合することで、原子核のまわりを飛んでいたはずの電子が、あちこち自由に動けるようになって、電気が通るようになります。

電気を流すということは、新しい電子が入ってくるということです。そうすると、その新しい電子は、もともと銅のなかにあった電子を押しのける。銅のなかの電子は、自由に動けるので、今度は押しのけられた電子が、またすぐ近くの電子を押しのける。そうやって電子が玉突きのように動いていくことで、電気が流れていくわけです。

メンデレーエフの予言

一八六九年、ロシアの化学者メンデレーエフは、不思議な表をつくりました。その時代に知られていた六三種類の元素をなんとか整理したいと考えていたのです。そこでメンデレーエフは、**原子量の小さい順**に、これらの元素を何列かに並べてみました。

原子量というのは、原子そのものの重さのことではありません。原子一個の重さは、とてつもなく小さいので扱いづらい。そこで炭素の原子を12として、炭素との比率で相対的な重さを表したものが原子量なのです。

さて、メンデレーエフは、原子量の小さいものから順番に元素を並べていきました。これは単に一列に並べるのではなく、似た性質のものをグループにまとめながら表のようにしていったのです。すると、なぜか似たような性質を持つ元素が、周期的に出てくることに気づきました。こうしてできあがったのが「**周期表**」です。

メンデレーエフがすごいのは、単に周期表をつくったことだけではありません。

六三種類の元素を並べると、どうも具合の悪い部分がある。周期性が失われてしまうことに彼は気づいたのです。

これはトランプをイメージするとわかりやすいかもしれません。トランプの五二枚のカードは、スペード、ハート、ダイヤ、クラブそれぞれ一三枚を四列に並べることができます。もし、そのうちの一枚がなくなってしまったらどうでしょう？　隙間なく並べようとしても、その一枚がないことで規則性が崩れてしまいますね。

メンデレーエフも同じようなことに気づきました。どうもそのまま並べると、周期的ではない。そこで彼は、ふと立ち止まって考えた。「なぜこんなことが起きるんだろう？」と。そこで彼は、**まだ見つかっていない元素がある**という結論に達したのです。すると、その後に彼が予言したような元素が次々と発見されました。

さあ、どこかで似たような話を聞いたことがありませんか。そうです。これは前章でお話しした、物理学のヒッグス粒子の話とよく似ています。ヒッグスも、まだ見つかってはいないけれど、さまざまな素粒子に質量を与える素粒子があるはずだと予言し、それが実際に二〇一二年に発見されました。

すぐれた理論や仮説というものは、疑うことから始まります。そのことをメンデレーエフの周期表は教えてくれるのです。

燃料電池はなぜ注目される？

こうして化学の研究が発展していくと、人間はその成果を活用して、さまざまな人工物をつくるようになりました。ビニール袋（プラスチック袋）、ペットボトル、ナイロン、電池……、私たちの日々の生活は、化学の恩恵なくしては成り立ちません。

地球上で自然に存在する元素は、九二種類。それ以外に、人工的に合成してつくった二十数種類の元素があります。最近では、理化学研究所が、原子番号一一三番の新しい元素を発見し、「ニホニウム」と名づけたことも話題になりました。

すべてをあわせても、地球上で見つかっている元素は、一二〇に満たない種類しかありません。

ところが、それらを化学的に組み合わせると、数千万という種類の物質を生み出すことができるのです。ここにも、錬金術的な発想がありますね。人類は、金（キン）を人工的につくることはできなかったけれど、新しい物質を次々に生み出してきました。その結果、私たちは、数えきれないほどの化学物質とつきあいながら、生活するようになりました。

元素を組み合わせて新しい物質をつくることができるのなら、その逆に分解することもできます。たとえば、水は酸素と水素からできている化合物です。中学校の理科の授業で、水を酸素と水素に電気分解する実験をした人もいるでしょう。

では、この分解を逆転させるとどうなるでしょうか。つまり、水素と酸素を化学反応させて水をつくる。このときに、水といっしょに電気も発生します。このしくみを使った装置が、近年話題になっている**燃料電池**です。

燃料電池といっても、一般的な電池のように、電気をためて使うわけではありません。水素と酸素を反応させて電気を取り出すのですから、一種の小型発電装置と考えたほうがいいでしょう。

では、なぜ燃料電池に注目が集まっているのでしょうか。

一般的には「環境にやさしいから」と説明されています。**燃料電池で発生するのは、水と電気だけで、二酸化炭素を排出しない**。そのため、温暖化対策の切り札として期待されているわけです。温暖化については、第六章でお話ししましょう。

さらに、水素というのは地球上に大量に存在しています。そもそも宇宙で最初に生まれた元素は水素で、その次がヘリウムです。だから、宇宙には水素が充満(じゅうまん)している。これをうまく使えば、原子力発電のような危険におびえることなく、自然界から無限のエネルギーを取り出せるのではないか。こうしたクリーンなエネルギー源として、燃料電池に大きな期待が寄せられているのです。

燃料電池車の現状

燃料電池は、少しずつですが実用化も始まっています。

トヨタ自動車が、燃料電池車を二〇一四年一二月から発売しました。市販用の燃料電池車は世界ではじめてです。

この燃料電池車は、従来の電気自動車と、どこが違うのでしょうか。

従来の電気自動車は、大容量のバッテリーを積み、電池でモーターを回して車を走らせます。ガソリンを使わないので二酸化炭素を排出せず、地球温暖化対策になりますが、バ

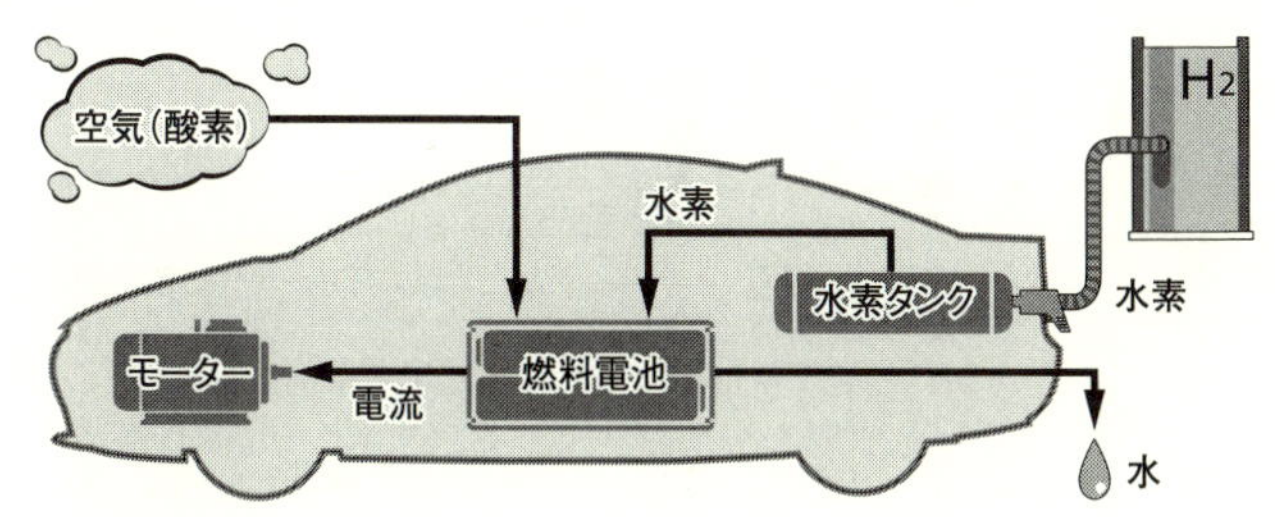

燃料電池車のしくみ
（『池上彰のこれが「世界のルール」だ！』文藝春秋をもとに作成）

ッテリーが重く充電に時間がかかるため、長距離ドライブをする人には嫌われてきました。

それに対して燃料電池車は、**水素と酸素の化学反応で生まれる電気を利用するので、充電の必要がありません。**水素を車のタンクに入れる時間は約三分で、一回入れれば、走行距離は約七〇〇キロと、ガソリンエンジン車並みの距離を走ることができます。

しかも燃料電池車は、電気を発生させた後は、電気自動車と同じ原理で走ります。電気発生と同時に出るのは水だけです。排気ガスを出すことなく、水をポタポタしたたらせながら走るわけです。

ガソリンエンジンを使わずに、ガソリンエンジン車並みに走れるのですから、これまでの常識を破った画期的な自動車と言っていいでしょう。

いいことずくめのように聞こえますが、問題は、水素を自動車に供給する水素ステーションが、まだほとんど存在しないということです。現在、設置されている水素ステーションは全国で計一〇〇か所にも届きません。ガソリンスタンドは全国に三万か所以上もあることを思えば、まだまだ気軽に燃料電池車で遠出はできない状況です。

水素社会への課題

水素は、家庭用の燃料電池としても使うことができます。各家庭に室外機のような形で設置し、電気をつくり出すのです。家庭用の電気、燃料電池車、そして将来的には産業にも水素エネルギーの活用が検討されています。

水素エネルギーが中心となる社会。これが「水素社会」という言葉で意味されていることです。

しかし、水素社会を実現するためには、まだまだ多くの課題をクリアしなければなりません。とりわけ「**水素をどのように生産するか**」は大きな問題です。

というのも、地球上では水素は単体で存在しているのではなく、水や植物、化石燃料などの化合物として存在しているからです。

では、そういった化合物からどのように水素を取り出せばいいのでしょうか。

水を電気分解すれば、水素を取り出すことはできますが、そのための電気が必要になります。この電気をどこから持ってくるのか。火力発電所で電気をつくり、これで電気分解しているようでは、二酸化炭素を排出してしまいますから本末転倒です。

石油や天然ガスなど、いわゆる化石燃料（炭化水素）から水素を取り出すこともできますが、そうすると化石燃料の炭素と空気中の酸素が結びついて、二酸化炭素が排出されてしまいます。

現在、有望視されているのは、化学工場や石油化学プラントから、生産過程で生まれてしまう水素を集める方式です。これだと、そもそも工場やプラントで副産物として発生するよけいな水素を処理できるのですから、一石二鳥でしょう。現在では、水素を高圧で圧縮したり、冷却して液体にしたりして運搬（うんぱん）していますが、化学コンビナートからパイプラインで水素を送る方法も生まれています。

そしてもう一つは、太陽光や風力などの自然エネルギーを用いて電気分解するという方法です。

これまで、再生可能エネルギーで電気をつくっても、それを電池の形でためたり、遠くまで運搬したりすることはなかなかできませんでした。たとえ、ためることができても、効率の悪さから、結局、自然放電してしまうことも多かったのです。

その余った電気で水を分解して水素の形で保管すれば、いつでも必要なときに電気をおこせるし、別の場所に運搬することもできる。これが実現すれば、画期的な方法です。

さらに、地球中で水素がいちばん多く存在しているのは海水です。もし海水から水素だけを取り出す方法が見つかったら、それこそまさに無尽蔵(むじんぞう)のエネルギーを取り出すことが可能になるでしょう。

地上に太陽をつくる核融合発電

さらに、水素を用いた究極のエネルギーとして期待されているのが核融合(かくゆうごう)発電です。

核融合とは、物理の章でお話しした核分裂とは反対に、**高速で飛び回る原子核を衝突させ**

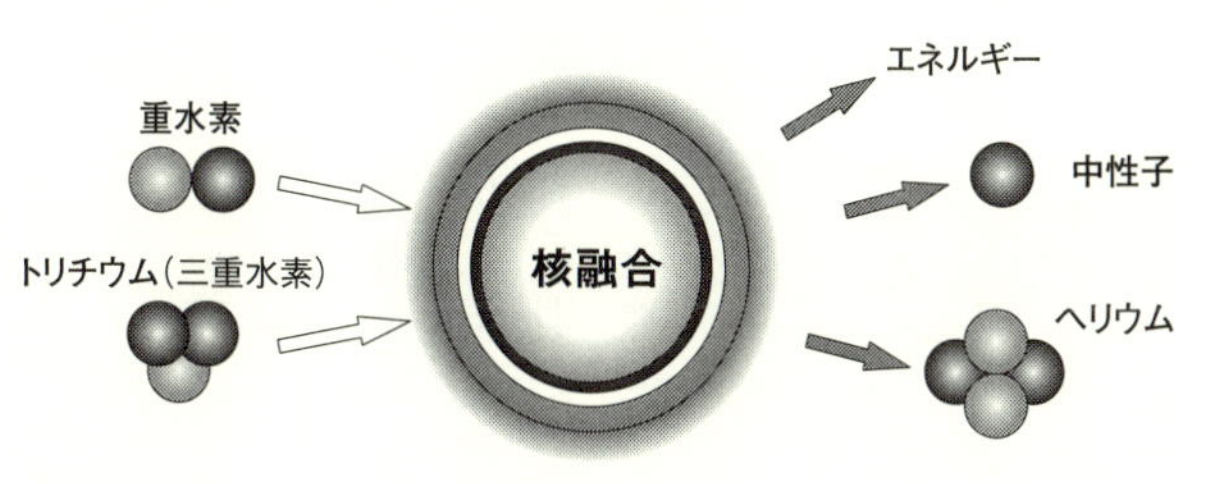

核融合反応
（文部科学省HP、http://www.mext.go.jp/a_menu/shinkou/iter/019.htm をもとに作成）

て、**原子核を融合させること**です。そのときに、巨大なエネルギーが発生する。そのエネルギーをなんとか取り出せないかと、現在、世界中で核融合反応の研究が進んでいます。

では、どのぐらいのエネルギーが生まれるのか。なんと核融合発電の燃料一グラムで、タンクローリー一台分の石油、重さで言うと八トンの石油を燃やしたときと同じエネルギーを得ることができるというのです。

私たちに最も身近な核融合は、太陽の活動です。太陽では、水素の原子核四つが融合して、ヘリウムの原子核が一つできている。この核融合反応から生じる熱で、太陽はさんさんと光り輝いているということです。

核融合発電は、**太陽のなかで起きている核融合反応を人工的に起こそうとするもの**です。そのときの燃料になるのが、重水素とトリチウム（三重水素）。どちらも、水素の**同位体**（どういたい）です。

同位体とは何のことでしょうか。これは同じ元素だけれど、中性子の数だけが異なる原子のことです。言ってみれば、元素の兄弟姉妹ですね。たとえば、前章で出てきたウラン235とウラン238も同位体です。

水素も同じように、水素1、水素2、水素3がある。水素1が最も一般的な軽水素で、水素2が重水素、水素3がトリチウムということになります。

核融合の研究では、重水素の原子核とトリチウムの原子核を衝突させると、最も核融合を起こしやすいことがわかってきました。

では、重水素やトリチウムはどこにあるのでしょうか。重水素は、地球上にある水素のうち〇・〇一五パーセントの割合で存在しています。〇・〇一五パーセントというと、とても少なく感じられますが、水のなかには水素が含まれていますから、実質的には無尽蔵だと言えるでしょう。

一方、トリチウムは、自然界にはほとんど存在しません。そこで、原子番号3の元素であるリチウムに中性子を衝突させてトリチウムをつくるのです。

核融合では、原子力発電の原理である核分裂のように、高レベルの核廃棄物は生まれません。比較的安全でクリーンなエネルギーを生み出すことができるため、多額の投資をして研究が進められ、今もさかんに実験が行われています。

実現できるかどうかは未知数ですが、仮に核融合発電が実用化されれば、人類はエネルギー問題に頭を悩ますことがなくなるかもしれません。

新しいエネルギーへの挑戦

ここで、視野を広げてみましょう。人類は、二足歩行をするようになり、やがて火を使うようになりました。火を使うということは、言語の使用と並んで、サルからの革命的な進化です。人類が、どのように火をおこすことを覚えたのかは、まだ解明されていません。

おそらく最初は、落雷や山火事など、自然に発生した火を使ったのでしょう。その火があると、ほかの動物たちが怖がって近づいてこない。暖をとることができ、食生活も豊かになりました。

だから、火を使う技術はどんどん発展していきました。近代になると、イギリスで産業革命が起き、それまでとは比べものにならないほど、効率よくエネルギーを生産できるようになりました。

しかし、産業の発展とともに、二酸化炭素の排出量も飛躍的に増え、それが原因で地球温暖化など、地球規模の問題を生み出してしまいました。

二酸化炭素の排出をどのように減らしたらいいか。原子力発電はリスクが大きい。そこで、水素や核融合に目をつけて、新しいエネルギーを今、生み出そうとしているわけです。

ダイオキシン騒動を振り返る

このように、人類の発展というのは、リスクとのいたちごっこのようなところがあります。豊かで安全な生活を求めて火を使い出したら、長い年月をかけて、それが地球温暖化というリスクになった。

同様のことは、化学の世界にもたくさんあります。

たとえば、農業生産を安定させるために害虫を駆除したいから、農薬や合成殺虫剤を開発する。しかし、それが環境や人間に大きな脅威を及ぼすこともあります。

戦後の合成殺虫剤は、第二次世界大戦中、毒ガス兵器を開発するための昆虫実験がもとになってつくられました。昆虫に効果のある殺虫剤が見つかり、それが農薬として発売されるようになったのです。

こうした殺虫剤は、昆虫に強い効果を持つだけでなく、ほかの生き物にも大きな力を発揮します。当然、人体に入っても、大きな危険をもたらすものでした。

生物科学者のレイチェル・カーソンは、『沈黙の春』という本のなかで、ＤＤＴやパラチオンなど具体的な実例を挙げて、農薬を過剰に使うことの危険性を人々に訴えました。

一九九九年には、**ダイオキシン**が大問題となりました。テレビ朝日の「ニュースステーション」が「埼玉県所沢市で栽培されている葉物（はもの）から高い濃度のダイオキシンが検出された」と報道したことをきっかけに、所沢産のホウレンソウなどの取り扱いを中止するスーパーマーケットが続出しました。さらに、埼玉県産の野菜全般が暴落するというパニックまで起きたのです。このときの「葉物」とは、茶の葉のことだったのですが。

ダイオキシンの「ダイ」とは二つ、「オキシン」とは酸素のことです。原子の構造を見ると、酸素原子二つが塩素原子などとくっついていることから、ダイオキシンという名前がつけられました。

ダイオキシンは、よく「史上最強の毒物」と言われます。実験用のマウスに与えると、ダイオキシンは、青酸カリの一〇〇〇分の一というわずかな量でその半数が死亡しました。青酸カリと比較しても、きわめて毒性が強いのです。

このダイオキシンは、一八七二年、ドイツの科学者が、いろいろな化学的実験をするうちに、はじめてつくり出しました。ダイオキシンのおそろしさが世界に知られたのは、ベトナム戦争中のことです。

ベトナム戦争中、アメリカ軍は、ベトナムのジャングルに反政府ゲリラが隠れることができないようにジャングルを枯れさせようと、枯葉剤（かれはざい）を撒（ま）きました。ところが、この枯葉剤に、混じり物（不純物）として、ダイオキシンが入っていたのです。

そのため、ベトナム戦争が終結したあとも、ベトナムの国土の広い範囲にダイオキシンが残ってしまいました。二人の赤ちゃんの体がくっついて生まれた「ベトちゃん、ドクちゃん」のような、二重体児の赤ちゃんがたくさん生まれたのは、このダイオキシンが原因だと言われています。

また、一九七六年には、イタリアのセベソという町で、化学工場が爆発してダイオキシンが飛び散り、周囲の家畜が次々と死亡しました。

ダイオキシンは、自然界に昔から存在したわけではありません。化学的な変化でごくわずかに生まれるのです。水に溶けにくいのですが、その反面、油には溶けやすいので、いったん人間の体内に入ると脂肪に蓄積して、なかなか排出されません。体内に入ったダイオキシンの量が半分に減るまでには、平均七年半もかかります。

意図せざるリスクの脅威

特殊なものだと思われていたダイオキシンですが、一九七七年、オランダの科学者が、ごみの焼却炉の灰から検出して、様相が変わりました。どこでも汚染されている可能性が出てきたのです。

事実、一九八三年には日本国内のごみ焼却場からも発見され、九〇年には製紙工場の排水から検出され、魚のダイオキシン汚染が明らかになりました。その後も、日本各地でダイオキシン汚染が報告されています。

一九九九年に日本でダイオキシン騒動が起きた際は、低温で物を燃やすとダイオキシンが出ることが問題とされ、どんど焼きが中止になるなど、過剰反応も見られました。

この問題は、全国のゴミ焼却場の焼却炉を改良することによって、ひとまず収束しました。高温でゴミを焼却することで、ダイオキシンの発生を抑えることができるようになったのです。

さらに一九九〇年代後半には、「**環境ホルモン**」が大きな問題になりました。環境ホルモンとは、正式には「内分泌攪乱物質」といいます。環境に溶け出した化学物質が生物の体内に取りこまれると、それを生物の体がホルモンと勘違いをしてしまい、オスのメス化などが起きるという問題でした。

この問題については、一九九八年に、当時の環境庁が研究を開始し、その後、多くの物質が哺乳類には影響を及ぼさないことが判明しました。

これらの例からわかるように、**化学が生み出すさまざまな化学物質は、時に意図しないリスクも生み出してしまいます**。化学産業がもたらした水俣病、イタイイタイ病などの公害もまた、意図せざるリスクの代表的なものでしょう。

コミュニケーターの重要性

現在、化学物質がもたらす環境リスクをきちんと評価しようという動きが、自治体や産業界では強まっています。そのための制度も整備されてきました。

ただ、多くの市民はまだ、そういった動向があることも知らないのではないでしょうか。

専門家ではない一般の市民は、どんな化学物質にどのくらいのリスクがあるのかを正確に理解することは難しいかもしれません。化学式や細かい数値が並んでいるだけで、拒否反応を起こしてしまう文系の方も多いでしょう。

どういう状況かわからない、何を言われているのか理解できないといった状態は、人をとても不安にさせます。たとえ置かれた立場が非常によくない状況であっても、理解することではじめて対処法も考えられます。「何が危険なのか」をまず知ること、そしてそのためには、専門家の人たちには、誰にでも理解できるように伝えることが求められるでしょう。

このことを私は、東日本大震災のときに痛感しました。

東日本大震災で起きたことを理解するには、それなりに理系の知識が必要です。地震にしても、津波にしても、原子力発電にしても、すべて理科系で学ぶ分野です。ところが、記者会見に出ている記者は文系の人が多い。

東京電力の技術部門にいる人たちは、理系の人ばかりです。東京電力にも文系出身の人はもちろんいますが、彼らの多くは総務・人事・営業部門に配属されていて、技術部門にはほとんどいません。

こうした構造が原発事故をわかりにくくした要因の一つです。理系の技術畑の人たちが専門用語をそのまま使って説明するものだから、文系の人たちはちんぷんかんぷんでした。加えて、政治家や記者の多くも文科系出身です。彼らは技術者たちの話を嚙み砕いて、わかりやすく伝えようと努力しました。しかし、うまくいかないことも少なくなかった。その結果、多くの国民が「よくわからない」状況に陥ってしまったのです。

さて、困りましたね。この〝ねじれ現象〟を解決するよい方法はないのでしょうか。

解決策はもちろん、あります。理科系と文科系のパイプ役をつくって、その人たちが国民なり利用者なりに説明すればよいのです。

それにはまず、**理系の話を文系にも理解できる言葉に置き換えるコミュニケーターを、政**

府や各企業が養成することが必須でしょう。コミュニケーターがその役割をしっかり果たせば、国や企業の危機管理能力を高めることにもつながります。

「知らない」「わからない」ことで、人は必要以上に恐れ、時にはパニックに陥ってしまいます。情報があっという間に共有される現代社会では、デマや間違った情報が流れていくことほど怖いものはありません。

リスクと正しくつきあうためには、何よりも正しい知識や情報を得ることが大切です。専門家と市民の橋渡しの役を担うコミュニケーターの重要性は、これからますます高まっていくに違いありません。

第三章　生命誕生はどこまで解き明かされたか？

——「生物」の時間

「生きていること」を定義すると

「生きているって、どういうことですか」と尋ねられたら、あなたはどう答えますか？

あなたが病院で親族の臨終に立ち会っているとします。医師の死亡確認とともに「ああ、もう亡くなってしまったんだな」と思うでしょう。

ところが、その後もしばらくは髪の毛や爪は伸び続けるのです。つまり、個体のなかにあるそれぞれの細胞は、まだ生きているということです。個々の細胞はまだ生きているのに、個体としては死んでいる。生と死が重なり合っている状態です。そうすると、生と死の境は非常にあいまいなものに感じられるでしょう。

私はこの疑問を、東京工業大学の分子生物学の先生にぶつけてみました。生きていることと死んでいることは、何が違うのですか、と。答えはどうだったか。それは「**代謝**があるかどうか」だというのです。

生き物は、細胞という一つの膜が外からいろんな栄養素を取りこんで、自らのエネルギーとして増殖をしていく。不必要なものは外に出していく。これが代謝です。

生命の歴史を考えると、まずは一つの細胞からなる単細胞生物がどこかで誕生し、それがどこかの段階で、私たちのような多細胞の生命体に変わっていきました。ところが、**単細胞生物がいつどのように多細胞生物に変わったのか**は、いまだによくわかっていません。

生命はどのように生まれ、私たち人類にまで進化をしてきたのか。生命の歴史は今も多くの謎に満ちているのです。

生物学では、二〇世紀の半ばころから**分子生物学**という分野が目覚ましく発展し、生命誕生の謎に少しずつ光があてられるようになりました。第一章でお話ししたように、私たち人間の体は細胞からできていますが、その細胞を分けると分子になる。この分子のレベルで生命という現象を解き明かそうとするのが分子生物学なのです。

この章では、分子生物学の成果を中心に、生命の不思議について見ていきます。

生命誕生の仮説

さきほど、細胞が代謝を行っていることが、生きていることの定義であると言いました。代謝とは何か、さらに具体的に説明すると、次のようになります。

細胞を形づくっている二大成分は、水とタンパク質です。細胞は、外からタンパク質を取りこみ、それをアミノ酸に分解します。そして分解したアミノ酸をもう一度あらためてタンパク質に組み立て直して、自らのエネルギーとするのです。

この代謝が生命であることの必須条件だとすれば、**タンパク質がなければ、生命もまた誕生しないことになるでしょう。**タンパク質を構成しているのはアミノ酸です。つまり、どこかの段階でアミノ酸がつくられ、それがタンパク質となり、生命現象になった。これが生命誕生のプロセスだと考えることができそうです。

問題は、いつどこでどのように、このプロセスが生じたのかということです。

有名な仮説や実験を三つ紹介しましょう。

まず、一九五三年に、原始の地球を想定して、アミノ酸をつくる実験が行われました。

原始の地球には、メタン、水素、アンモニア、水蒸気がありました。これをガラスの容器に入れて、六万ボルトの高圧電流を放電したのです。これは、雷を人工的に起こすということです。

結果はどうなったか。なんとそのなかに、数種類のアミノ酸ができました。つまり、タンパク質の材料ができたのですね。ここから、**原始の地球では落雷などの自然現象によっ**

て生命が誕生したという仮説が唱えられました。

　でもそこから先の、タンパク質が生じて、生命が誕生するところまでは行きませんでした。ですからこの仮説では、まだ生命の謎は解けないということになります。

　現在、注目されているのは、深海の熱水噴出孔（ふんしゅつこう）と呼ばれるスポットです。これは海底火山からマグマや高熱のお湯が出ている穴のような場所ですね。

　なぜ、そこに生命の起源を解く手がかりがあるのでしょうか。

　地球にはもともと酸素はありません。光合成をする生命が現れる以前に生きていた微生物たちは、無酸素の環境で生きていました。ということは、当たり前のことですが、生命は無酸素の環境で生まれたということです。

　一方、現在の地球には酸素が充満しています。ですから、酸素のある場所をどれだけ調べても、なかなか原始の地球と似た環境は見つかりません。

　ところが、深海の熱水が出る穴は違います。ここは、酸素が入ってきても高熱のマグマで吹き飛ばされてしまう。いわば太古の地球と同じ環境が保存されているということになります。

そういう酸素のない環境に住む微生物やバクテリアは、二酸化炭素や水素、メタンを食べて生きています。**こういうところでタンパク質が生まれ、生命が誕生したのではないか。**これが第二の仮説です。

生命は宇宙からやってきた？

第三の仮説は、生命は宇宙からやってきたという説です。「本当？」と思うかもしれませんが、この説も意外に有力になっています。

地球には、ときどき宇宙から隕石が落ちてきます。この隕石を調べると、アミノ酸の痕跡が見つかりました。

たとえば、一九八四年に南極で見つかった隕石は、火星由来の隕石だということがわかりました。なぜ、火星だとわかったのでしょうか。一九七六年にアメリカが火星探査機バイキングを送って、火星の大気の組成を分析しました。その組成と、南極に落ちてきた隕石のなかに入っていたガスの成分とが一致したのです。

驚くのはそこからで、この火星由来の隕石のなかに、なんとシアノバクテリアという原始的なバクテリアそっくりの化石が確認されたのです。これは、火星にバクテリアがいたということです。ということは、太古にも、火星から地球にやってきたかもしれません。

こうした事実から、宇宙のどこかでアミノ酸がタンパク質になり、さらに原始的な生命になったのではないか、という仮説が立てられています。つまり、**宇宙のどこかで誕生した原始的な生命や細胞が、隕石に包みこまれて地球にやってきたのではないか**、ということです。

もっとも、隕石のなかにあったのが本当にシアノバクテリアの化石なのか、疑問視する声もあります。しかし確率的に考えれば、地球だけで生命が生まれる確率は低くなります。むしろ、広大な宇宙のどこかでアミノ酸が生まれ、タンパク質になる可能性のほうがずっと高いでしょう。

でも、生命は宇宙で生きられるのでしょうか。じつは、すでに生きた実例があります。たとえば、クマムシを人工衛星に乗せて、宇宙空間にさらす実験が行われたことがあります。すると、クマムシは岩石の結晶（けっしょう）のような状態になって生き延びました。そして地球に戻ってきた後は、元どおりの姿になって、ふつうに生き続けました。

ですから、地球上の生き物のなかには、宇宙空間で生きられる種があることもわかりました。こういう事実からも、宇宙で生命が誕生したという仮説がますます有力視されるようになってきたわけです。

生命は三八億年前に誕生した

さあ、では地球上の生命が誕生した時期はいつごろでしょうか。

宇宙は一三八億年前に誕生し、地球は四六億年前に生まれたと推定されています。そして生命がはじめて地球に誕生したのは、三八億年前だと言われています。仮に宇宙からやって来たとしても、それは三八億年前あたりだということです。

なぜそんなことがわかるのか、私も疑問に思っていました。でも、本を読んで調べたところ、発掘された岩石や地層のなかに、炭素の同位体である炭素14が大量に集積していることが年代測定の決め手だということがわかりました。

ここにも、同位体が出てきました。同じ元素でも、中性子の数が異なるのが同位体ですね。

地球上で圧倒的に多い炭素は、炭素12ですが、炭素13や炭素14というものがごく少量まじっています。この「12」「13」「14」という数字は、陽子と中性子の数を足し合わせた数です。陽子の数はどれも六なので、中性子の数が、炭素12は六個、炭素13は七個、炭素14は八個ということになります。

『おとなの教養』では、この炭素14を使った「**放射性年代測定法**」について説明しました。かいつまんでおさらいしておくと、炭素14という物質は放射性物質なので、年を経るとどんどん減っていきます。その半減期（放射線を発する量が半分になる期間）は五七三〇年ということがわかっています。

地球上の生き物は、呼吸をするとき、この炭素14を吸収します。でも、死んでしまうと、炭素14はもう吸収できません。その後、炭素14は年月が経つにつれて減っていくことになります。

ということは、ある地層のなかから生命体の化石が出てきた場合、その化石に含まれる炭素14の量と、その生命体が死んだときに含まれていたであろう炭素14の量とを比べて、減った量を計算すれば、その化石が何万年前のものなのかが判明します。その結果、「三八億年前」という推定がなされたのです。

さて、三八億年前に生まれた単細胞の生物は、長らく海のなかで生き続けました。海で生まれた生命はやがて陸上に進出していきます。陸地ではさまざまな植物や動物が生まれます。もともと地球に酸素はなかったのですが、植物が登場して光合成により酸素をつくることで、人間も含めた動物が暮らせるような環境が整いました。

なぜ酸素が増えると、動物は陸地で暮らせるのでしょうか。酸素がないときの地球には、危険な紫外線が降り注いでいました。でも酸素ができると、酸素の同素体であるオゾン（O_3）ができて、オゾン層がつくられます。このオゾン層のおかげで、有害な紫外線が遮られ、生き物が陸上に上がることができたということです。

同素体という言葉が出てきましたね。これは同じ元素でも、原子の配列や結合のしかたが異なるために性質が違うもののことです。

地球上に生き物が誕生し、変化を遂げることによって地球の環境が変わり、地球の環境が変わることによって新たな生き物が出てくる。

では、いったいどうやって生き物は変化するのか。それを発見したのが、進化論の提唱者であるチャールズ・ダーウィンです。

ダーウィンの仮説

ダーウィンは、医学部をやめてケンブリッジ大学に入り直して、牧師の道を歩み始めようとしていました。そんな折、イギリス海軍の測量船「ビーグル号」に乗り組んだことで、人生が大きく変わります。牧師になることをやめ、博物（生物）学者の道を進むことになったのです。

ビーグル号の艦長は当時二六歳です。アマチュア地質学者でもあり、船の上での教養ある話し相手を求めていたことから、二二歳のダーウィンが選ばれました。

五年間にわたる世界一周の航海の途上、ダーウィンは南米各地で船を降り、内陸部を調査して回ります。その後、ガラパゴス諸島に上陸し、のちの進化論につながる発見をするのです。

ガラパゴス諸島は、大小一〇〇以上の島や岩から成り立っています。ここには、ゾウガメやイグアナ、ペンギンなど多数の生物が生息していますが、いずれも大陸にいる生物とは大きく異なっているばかりでなく、島ごとに特徴に違いがあります。

それを見たダーウィンは、これらの生物は、周囲を海で囲まれていたため、大陸とは異なる独自の進化を遂げたのではないかと考えました。そして帰国後、「**生物は突然変異を繰り返して、進化していくのではないか**」という仮説を立て、一八五九年に『種の起源』でその説を世に問うたのです。

『種の起源』に書かれているダーウィンの仮説とは、こういうものです。

さまざまな生き物は突然変異を繰り返して、今のような生き物まで進化してきた。突然変異とは、親や先祖とは異なる形質(けいしつ)が、子どもに突然現れることをいいます。「形質」とは、生き物を分類するときにポイントとなる特徴のことですね。

この突然変異がなければ、生命は変化していかないはずだとダーウィンは考えました。突然変異があり、さまざまな生物が生まれていく。そのなかで天敵から逃れ、環境に適応できた種だけが生き延びていくに違いないというのがダーウィンの仮説です。

進化論は誤解されやすい

ダーウィンの進化論は、気をつけて読まないと、弱肉強食的な考え方と誤解されることがあります。すなわち、ある環境に適応するような突然変異があり、その生き物の遺伝子だけが、子孫に受け継がれ生き残っていくという考え方です。

突然変異とは、そういうものではありません。「突然」という言葉が示すように、**偶然、親とは異なる形質の変化が現れる**のが突然変異なのです。

長い歴史のなかでは、突然変異をしても生き残れなかった生き物はたくさんいたはずです。さまざまな生物がいろいろな突然変異を起こし、そのなかでたまたま環境に適応することができた生物が生き残った。突然変異というのはあくまで偶然に起きるものなのです。

その意味では「進化」よりも「変化」と言うほうが実相に合っているかもしれません。「進化」というと、生き物はどんどん進歩しているように感じられます。でも、それは思い上がりというものでしょう。実際は、偶然の突然変異を繰り返し、偶然、環境に適応したものが生き残ってきたにすぎないのです。

たとえば、キリンの首はなぜ長いのでしょうか。

もうおわかりですね。もともとは首の短かったキリンが、高い位置にある食べ物を一生懸命に食べようとしたから首が伸びていったわけではありません。

そうではなく、あるとき突然、首の長いキリンが突然変異で生まれたのです。もちろん、突然変異をせずに、首が短いキリンもたくさんいます。しかし、首の短いキリンは、低い位置にある植物しか獲得することができません。そうすると、ライバルがたくさんいるわけですね。ライバルがたくさんいるために、地面から低いところにある餌（えさ）はみんな食べ尽くされてしまった。そうなると、首の短いキリンは生き残ることができなくなります。

一方、突然変異によって長い首を持って生まれたキリンは、ライバルの首が届かないような高さにある葉を食べることができます。その結果、首の長いキリンだけが生き延びることができたということになります。

『おとなの教養』にも書きましたが、ダーウィンの進化論は、一九世紀のイギリス社会に衝撃を与えました。当時のイギリスではまだキリスト教会が大きな力を持っており、神がすべての生き物を創造したという考えが主流だったからです。生き物が突然変異を繰り返し、環境に適応したものが生き残ったというダーウィンの説は、神の創造性を否定することにつながります。

そのため、長い間キリスト教は進化論を否定してきましたが、一九九六年には序章でも紹介したヨハネ・パウロ二世が進化論を認める書簡を発表しました。その一方で、進化論をふまえたうえで神の創造性を説明しようとする「インテリジェント・デザイン」という考え方がアメリカで生まれたりと、近年では変化が生じてきています。くわしくは、『おとなの教養』もご参照ください。

DNAと遺伝子は同じ?

では、突然変異では何が変化するのでしょうか。

ダーウィンはまだ「遺伝子」というアイデアには思い至りませんでした。その後、二〇世紀後半になると、分子生物学の成果によって遺伝子の存在が明らかになり、ダーウィンの進化論に新たな光が当たるようになります。**突然変異をもたらすものが、染色体の遺伝子の突然変異によって引き起こされることがわかってきた**からです。

突然変異とは遺伝子の変化だった。では、そもそも遺伝子とは何でしょうか。あるいは、

二重らせん構造

DNAと遺伝子は同じなのか、違うのか。これも知っているようで、正確に知らない人が多いのではないでしょうか。

細胞の真ん中には「核」と呼ばれる部分があります。この核のなかに、たくさんの繊維状のものがあります。それが染色体です。染色体という名前は、実験で使う染色液に染まりやすいことからつけられています。

染色体とは、タンパク質にDNAが絡まったものです。DNAの正式名称は「デオキシリボ核酸」。デオキシリボースという物質を含んでいて、核のなかで酸性を示すことが名前の由来です。ですから、**DNAとは物質名なのですね。**

DNAは**二重らせん**の形をしていて、A（アデニン）、T（チミン）、G（グアニン）、C（シトシン）という四種類の物質からなっている。つまり、DNAのそれぞれのらせんには、CG

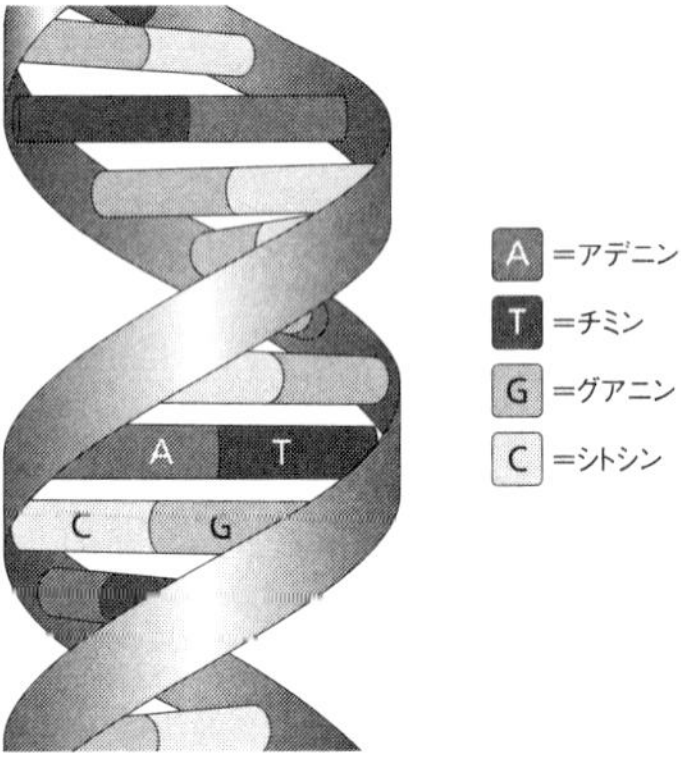

ＡＴ……というふうに、この四種類の物質が文字のように並んでいるわけです。そして、この文字のような四種類の物質の並び方によって、生命発生のしくみ、病気や老化などのしくみを表す遺伝情報は表現されています。そこで、このＡＴＧＣの配列を遺伝子と呼ぶわけです。つまり**遺伝子とは物質の名前ではありません。情報なのです。**

そうなると、遺伝子についてさらに調べたくなるでしょう。ＡＴＧＣのどのような並びが、生命のどのような働きに対応しているのか。分子生物学では今、そういう遺伝子の解析が急速に進展しています。

研究が進むと、興味深いこともわかってきました。人間とチンパンジーでは、約九九パーセントの遺伝子が同じだというのです。この仮説には反論も出ていますが、それでもかなりの割合で、人間とチンパンジーの遺伝子が一致していることは確かです。ほんのわずかなＡＴＧＣの並び方の違いが、人間とチンパンジーを隔てているわけです。

そうやって遺伝子を解析していくと、「それぞれの遺伝子は、こういう働きをしている」ということがわかる一方、何の働きも示していないような領域があることもわかってきました。そういう領域のことを「ジャンクＤＮＡ」と呼ぶ研究者もいます。

ただ、ジャンクDNAだって存在しているからには、なんらかの意味や働きがあるかもしれないという見方も強くあります。実際、ジャンクDNAに関する研究も行われていますので、今後はもっと精密にATGCの配列が解き明かされていくことになるでしょう。

遺伝子組み換え作物は危険なのか

こうして人間も含めたさまざまな動植物が持つ遺伝子が解読されるようになると、今度は、**現実の遺伝子を組み替えて、人間に役立たせることはできないか**という発想が生まれてきます。その一つが、遺伝子組み換え作物です。

考えてみれば、私たちは長い間、品種改良ということをやってきました。異なる品種を交配させて、寒い地域でも育つ米や病気に強い野菜などをつくるのが品種改良ですから、これは結果的には遺伝子を改良していることと同じです。

ただ、それは自然のなかで掛け合わせるため、成功することも失敗することもあります。そんなに時間をかけて試行錯誤するぐらいなら、人工的に新しい遺伝子をつくり出したほうが効率がいい。これがバイオテクノロジーの考え方です。

こうして、遺伝子組み換え作物というものがつくられるようになりました。

たとえば、遺伝子組み換えによって、除草剤に強いトウモロコシがつくられました。これまでは大量に除草剤を散布すると、草だけでなくトウモロコシも枯れてしまっていた。しかし除草剤に強い遺伝子を持ったトウモロコシをつくれば、飛行機で大量に除草剤をまいて余計な草を全滅させることができるわけです。

他にも、味のいい品種、たくさんの実をつける品種など、さまざまな遺伝子組み換え作物がさかんにつくられるようになりました。日本にも遺伝子組み換えのトウモロコシや大豆は輸入されて入ってきています。

しかし、日本では遺伝子組み換え食品の評判はあまりよくありません。遺伝子組み換えに抵抗感を持っている人はけっして少なくはないでしょう。

そこで、東京工業大学の先生に「遺伝子組み換えの大豆を摂取すると、どうなりますか」と尋ねたことがあります。返ってきた答えは「遺伝子組み換えであろうがなかろうが、みんなタンパク質なのだから、体のなかに入ったら、すべてアミノ酸に分解される。そして体内でもう一度、タンパク質に再構成されるから危険なわけがない」。

その一方で、遺伝子組み換えによって、未知のタンパク質がつくられ、それがアレルギーの原因になる可能性もあります。

遺伝子組み換えのタンパク質を食べて、すぐに胃や腸で消化してアミノ酸に分解すれば何の問題もありませんが、それが十分に分解されないまま血液のなかに入ると、アレルギー反応を起こす人がいるかもしれない。それを心配する声もまた根強くあるのです。

アレルギー反応そのものは、自然界の物質であっても起こります。しかし、未知のタンパク質では事前にそれを知ることができない。そういう危険性があるから、遺伝子組み換えには反対だし、せめて遺伝子組み換え食品かどうかを判断できるようにしてほしい。

そういった声を受けて、遺伝子組み換え技術を使っていない食品には、その旨(むね)をきちんと表示することになりました。

ところが、醤油(しょうゆ)には遺伝子組み換えの大豆を使っていなくても、この表示がありません。これはなぜでしょうか。

これも東工大の先生から教えてもらったのですが、醤油をつくる段階で、大豆がすべてアミノ酸に分解されてしまうからだそうです。

たとえば、豆腐や納豆の実物を分析すれば、遺伝子組み換えの大豆を原料として使っているかどうかを判別することができます。ところが醤油の場合、たとえ遺伝子組み換えの大豆が紛れこんでいても、すべてアミノ酸のレベルに分解されてしまうので、実物を分析しても判別ができない。だから、醤油には遺伝子組み換えの表示は必要ないということでした（ただし、近年は業界がガイドラインを自主的に決めて表示しているようです）。

遺伝資源はカネになる

こうなると、遺伝情報というものは、経済的な利害とも深く結びつくようになっていきます。

たとえば、一九九二年に採択された「生物多様性条約」の目的の一つに、「遺伝資源の利用によって生じる利益の公正かつ衡平な配分」ということが掲げられています。

生物多様性条約はもちろん、生態系や種、遺伝子の保存ということも目的にしています。あるいは、動物を乱獲せず、持続可能な形で捕獲することも重要な目的です。

しかし、生物多様性に関する国際会議で、もっぱら議論になるのは、「利益配分」の問題なのです。それはこういうことです。

私たちが使っている化粧品や薬品のなかには、植物や細菌に含まれる成分から開発されたものが数多くあります。

化粧品には、植物成分が使われていることが多い。薬についても、ヤナギの樹皮は、解熱鎮痛薬のアスピリンの材料ですし、アオカビから抗生物質のペニシリンが開発されました。あるいは、中華料理の材料になる八角を使って、インフルエンザの治療薬タミフルをつくることもできます。

では、もし先進国の製薬会社の調査員が、発展途上国で薬効がありそうな植物を見つけ、それを自国に持ち帰って新薬にして発売したら、その利益はどこに帰属するのでしょうか。

実際、ヨーロッパやアメリカの医薬品メーカーの調査員は、アマゾン川の奥地に入り、未知の植物を大量に採取して、こっそり持ち帰ることがあります。そうやってつくられた薬もたくさんあるでしょう。

途上国の側は、自国の資源を盗まれたように思うはずです。

そこで、生物多様性条約に関する国際会議では、先進国が途上国の遺伝資源を使って利益を得た場合、その利益を途上国にも衡平に分配するようなルールをつくろうとしているのです。

もちろん、そこで利害は対立します。先進国も途上国も、できるだけ自分たちの利益になるようなルールにしたい。そういう生々しい交渉が国際会議では繰り広げられています。

遺伝子診断を受けますか？

遺伝子研究のめざましい発展は、今や人間の遺伝子を操作するところまで行き着きました。特定の遺伝子が欠損していることで起きる病気に関しては、必要な遺伝子を挿入することで治療することができる。そういう研究も進められています。

ちょっと脱線しますが、欠損している遺伝子をＤＮＡのなかに持っていく場合、体内でそれを運ぶ役割が必要になります。つまり「運び屋」ですね。

この運び屋としてよく使われるのが大腸菌です。大腸菌には膨大な種類があって、人間に害のないものもたくさんある。そういう無害な大腸菌が、じつは遺伝子組み換えの運び屋として大活躍しているのです。

話を戻して、遺伝子を用いた病気の治療ならば、多くの人は歓迎するでしょう。誰でも、病気は治したいと思います。

一方で遺伝子診断も少しずつポピュラーになってきました。口中の粘膜(ねんまく)の部分を少し送れば、遺伝子診断をしてもらえる。そして診断の結果、将来何の病気にかかりそうかわかるわけです。

有名なのは、女優のアンジェリーナ・ジョリーです。彼女は、遺伝子診断で乳がんになるリスクが高いことがわかり、両方の乳房を切除したことがニュースで話題になりました。そこまで正確にわかるものなのか、と思う人もいるでしょう。アンジェリーナ・ジョリーの場合は、乳がんが多発する家系であり、乳がんを引き起こす遺伝子があることがはっきりしていました。彼女がそのまま生活していけば、きわめて高い確率で乳がんが発病することが予想されたのです。

おそらく今後は、遺伝子診断によって、さらに多くの病気の発病可能性がわかるようになっていくはずです。アンジェリーナ・ジョリーのように対処可能ならばけっこうなことでしょう。しかし、現代の医学では予防も治療もできない病気にかかることが判明する場合もあるかもしれない。まだ若いときにそんなことがわかったら、どうでしょうか。極端に言えば、遺伝子診断によって、死刑宣告を受けるような気持ちになりかねません。いずれ、自分は不治の病が発病してしまう。その後の人生は、とてもつらいものになってしまいます。

あるいは、結婚をするときに、お互いに遺伝子診断の結果を見せ合うことが当たり前になったとしたら、その結果次第で、婚約が破棄(はき)されてしまうかもしれません。

そこまで考えたとき、あなたは自分の将来がどうなるか、遺伝子を調べたくなりますか？それともやめておきますか？

知らぬが仏。知らないほうが幸せだと私は思ってしまいます。もちろん、中には知りたくなる人もいるでしょう。

しかし、そうやって迷っている間にも、研究はどんどん進んでいきます。いずれ、遺伝子を改変することによって優秀な人材をつくり出そうという、ヒトラーのような発想を持つ人間が登場するかもしれません。実際にそういう技術ができるかもしれないと考えると、恐ろしくなってきます。

このように、遺伝子研究が進めば、さまざまな倫理的問題が出てきます。そのため、国家レベルでも大学レベルでも倫理委員会のような組織がつくられていますが、研究の進展があまりに速く、倫理的な議論がそれに追いついていないのが実情なのです。

第四章　ウイルスから再生医療まで

――「医学」の時間

前章でお話ししたように、生物学の研究が進展するにつれ、その成果は遺伝子組み換えや遺伝子診断など、さまざまな形で社会に影響を与えるようになりました。そのようなサイエンスの成果が私たちに最も影響を与える分野が、医学です。

人間はさまざまな病気の脅威にさらされています。人類の歴史は、病気と闘ってきた歴史と言えるかもしれません。医学は、サイエンスの成果をどう応用して病気と向き合ってきたのか。ウイルスの発見から再生医療まで、その流れを追っていきましょう。

エボラ出血熱の脅威

二〇一四年の前半、西アフリカのギニア、シエラレオネ、リベリアで、エボラ出血熱が爆発的に流行しました。

一九七六年、現在の南スーダンにある小さな町ではじめての患者が出て、このウイルスが発見されました。患者の出身地は当時のザイール（現・コンゴ民主共和国）でしたが、「エボラ」というのは、出身地の近くに流れる川の名前がエボラ川だったことに由来しています。

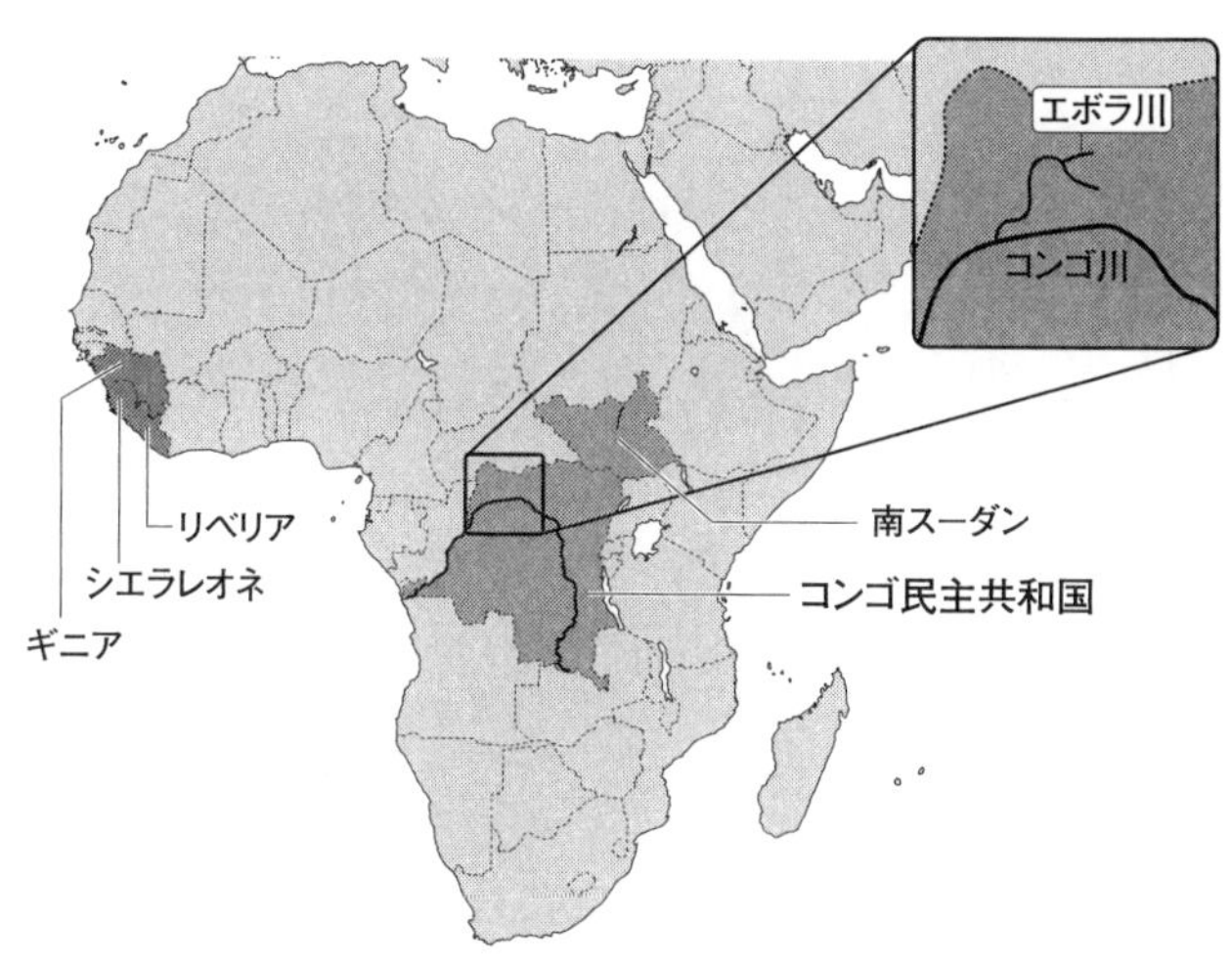

エボラ出血熱はどこで流行したのか（『ここがポイント!!　池上彰解説塾②』海竜社をもとに作成）

エボラウイルスには五つの種類があります。種類によって致死率が低いものもあれば、高いものもある。もっとも高いザイール種の場合、致死率は九〇パーセントにも及びます。

感染すると、初期症状はインフルエンザとほとんど同じです。急に発熱して寒気を感じ咳が出る。患者はインフルエンザのような症状で病院にやって来ます。ところが時間がたつと、血管がエボラウイルスによって攻撃を受け、体内の血管が次々に破れていく。あるいは毛細血管や眼の血管も破れる。その結果、ありとあらゆる部位が出血するのです。

エボラウイルスは非常に感染力が強いことで知られています。数十個のウイルスだけで感染してしまう。たちが悪いのは、エボラ出血熱にかかった患者を助けようとした医療従事者が感染して、次々と犠牲になっていくことです。

医者や看護師は、出血を止めようと治療しますが、そのときにごく少量の血液が皮膚に付着することがあります。人間の体には、目に見えない傷がたくさんあるので、そのわずかな血がついてしまうだけで傷口から感染し、今度は医療従事者がバタバタと倒れてしまい、さらにはその人たちを助けようとする人がまた感染していく。

こうして**連鎖的に感染が拡大していくこと**が、エボラ出血熱の非常に危険なところなのです。

グローバル時代のウイルス感染リスク

では、過去にエボラウイルスは大流行しなかったのでしょうか。

二〇一四年以前も、南スーダンやコンゴ民主共和国の奥地で、単発的な流行がありました。ただ、奥地の小さな村で患者が出たため、抑えこむことが可能でした。

ところが二〇一四年の場合は、ギニア、シエラレオネ、リベリアの都市近郊で発生したため、あっという間に広がっていったのです。とりわけ悲惨なのがシエラレオネでした。シエラレオネは開発途上国なので、医者の数が非常に少ない。数少ない医者たちはエボラ出血熱の対策に当たっている間に次々と感染。医療体制が崩壊してしまいました。結局シエラレオネの政府は、エボラ出血熱対策ができないまま、患者は自宅で治療するという方針に切り替えました。

切り替えるといっても、実質的には家にいる以外、どうしようもないということです。家族が看病にあたることになりますが、基礎的な医療の知識がないので、家族もまたすぐに感染しました。

しかも西アフリカの場合、亡くなった方を葬(ほうむ)るときには、全身をきれいに洗うという慣習がありました。すると、なきがらを洗う段階でも、家族が次々と感染していくのです。

エボラ出血熱は、ゴリラにも猛威を振るったと言われています。

アフリカ北部ではゴリラの数が急速に減っており、ゴリラは絶滅危惧種(きぐしゅ)に指定されています。なぜ急減したのか。人間がゴリラを殺したから、あるいはスーダンの内戦で多くのゴリラが巻き添えになったからと言われてきましたが、最近では、実はエボラ出血熱が原因ではないかという仮説が有力になっています。たとえばコンゴ共和国では、五五〇〇頭のゴリラがエボラ出血熱で死んでいることが明らかになったのです。

結局、エボラ出血熱は、世界保健機関（WHO）が緊急事態宣言をし、アメリカ軍の兵士三〇〇〇人が動員されることによって、なんとか抑えることができました。それでも犠牲者は大変な数にのぼり、二〇一四年一〇月までに約一万人が感染したと推定されています。

当時、西アフリカから日本にやってきた人が、エボラ出血熱にかかっているのではないかと大騒ぎになったことを記憶している人もいるでしょう。**現代のようにグローバルな時代になると、ウイルスも飛行機に乗って世界中に拡散します。**エボラ出血熱は感染してから発熱するまでの潜伏期間が、短い場合は二日ですが、長い場合は一週間から二週間、場合によっては三週間ということもある。それだけ間があるならば世界中のどこにだって広がる可能性があります。だからこそ、日本でも大騒ぎになったのですね。

エボラ出血熱の流行は、グローバル時代のウイルス感染のリスクというものを私たちに知らしめたのです。

エボラウイルスの宿主は何か

ここでウイルスについて、おさらいしておきましょう。

前章で見たように、生き物とは、細胞が代謝をして分裂していくものと定義されます。たとえば細菌は細胞膜を持っていて、そこから栄養を取りこんで分裂していきます。

それに対してウイルスは、遺伝子がタンパク質で包まれているだけで細胞膜を持っていないし、自分で分裂することもできません。ウイルスはほかの生き物の細胞に取りついて、その栄養を取ってはじめて自分の分身を増やすことができる。**ウイルスは、必ず宿主(しゅくしゅ)を持っているのです。**

宿主とは、ウイルスが自らの分身を増やすために寄生している生き物のことです。宿主が死んでしまってはウイルスも増殖することができません。そのため、ウイルスは宿主を殺さずに寄生しながら共生しているのです。

では、エボラウイルスの宿主は何か。これはどうも、アフリカ奥地のコウモリではないかというのが現在の仮説です。というのも、コウモリにエボラ出血熱のウイルスを注射しても発病しなかったからです。

すると、エボラ出血熱はコウモリから人間やゴリラに感染したということになる。では、どのようにしてコウモリから人間に感染するのでしょうか。

じつはアフリカでは、人間もゴリラもコウモリを食べることがあります。コウモリを宿主としてエボラウイルスが増殖し、そのコウモリを食べた人間がエボラ出血熱を発病したという経路になります。

なぜ韓国でマーズパニックが起きたのか

このように感染経路を明らかにするためには、宿主を特定することが重要になります。

たとえば、お隣の韓国では、二〇一五年にマーズ（ＭＥＲＳ）が拡大しパニック状態になりました。マーズとは「中東呼吸器症候群」(Middle East Respiratory Syndrome）の略です。この宿主は中東のラクダだと考えられています。中東のラクダが持っていたウイルスが人間に感染し、それがさらに人間から人間へと感染していったということになります。

マーズからの連想でいうと、二〇〇二〜〇三年には中国でサーズ（SARS）が大流行しました。こちらは「重症急性呼吸器症候群」（Severe Acute Respiratory Syndrome）の略ですね。症状としては、風邪のようなものが急激に悪化することで大勢の人が亡くなりました。

サーズもマーズも、コロナウイルスが原因であることがわかっています。ウイルスが太陽のコロナのような形をしていることが名前の由来です。

コロナウイルス自体はそんなに危険なものではありません。コロナウイルスによる風邪は、日本でもごくふつうのことです。しかし、そのコロナウイルスが突然変異を起こし、危険な感染病になってしまった。それがサーズであり、マーズなのです。

韓国の場合は、院内感染が非常に多かったと言われています。韓国には、病院のショッピングをする人が多いのです。「この病院はダメだ」と思うと、すぐ別の病院にかかり、そこも気に入らないとなると、また別の病院に行く。まるでショッピングのように、いろいろな病院に行くのです。

マーズはこの病院ショッピングで拡大しました。中東から帰ってきた人が発熱して、病院ショッピングをするうちに感染を広げ、それぞれの病院でどんどん患者が増えてしまったわけです。

韓国のパニックは、未知のウイルスを持った患者が来たときに、感染拡大をどう食い止めるかという**医療機関の側の課題**も提起しました。これは日本にとっても、他人事（ひとごと）ではありません。

スペイン風邪、再び

エボラ出血熱やマーズのことを知ると、身のすくむ思いがするでしょう。誰だって、ウイルスに感染したくはないものです。

歴史を振り返れば、人間はどんな時代にもさまざまなウイルスと闘ってきました。人類の歴史はウイルスとの闘いの歴史でもあったのです。

『おとなの教養』では、スペイン風邪を取りあげました。

スペイン風邪は、最初はアメリカで大流行しました。ちょうど第一次世界大戦の真っ最中、アメリカの若者をヨーロッパ戦線に送ることになり、フランス、イギリス、あるいはドイツでも、この病気が一挙に広がっていきました。

戦争中ですから、自国の兵隊が風邪でバタバタ倒れているなんてことが相手側に知られたら、すぐに攻めこまれてしまう。だからどの国も、いっさいを軍事秘密として報道も禁じました。

ところがスペインは中立国で、戦争に参加していなかった。そのスペインで同じように病気が流行り、しかもスペインの国王もかかってしまった。戦争をしていないスペインは事態を伏せる必要などありませんから、王をはじめ、大勢の人間が大変な風邪にかかっているということが報道された。ここから「スペイン風邪」という名前がついたわけです。

スペイン風邪は、今から見れば、新型インフルエンザです。このインフルエンザで、世界中で四〇〇〇万人から五〇〇〇万人が死んだと言われており、感染者は六億人にものぼりました。当時の世界人口は一八〜一九億人ぐらいですから、三人に一人はかかった計算です。

これだけの死者が出たら、戦争どころではありません。結局、第一次世界大戦が終わった真の理由は、敵味方、みんなスペイン風邪にかかってバタバタと倒れてしまい、戦争を続けることができなくなってしまったからです。**第一次世界大戦の戦死者の数よりも、スペイン風邪で死んだ人のほうがはるかに多かった**のです。

人類はウイルスと闘い、そして共存してきた

　スペイン風邪の大流行も、人類とウイルスとの闘いの歴史の一幕です。ただ、闘うといっても、特効薬やワクチンがつくられたわけではありません。たまたま免疫ができた人が生き延びることができ、なんとか人類は存続できたということです。

　そうやってウイルスと闘ってきた人間の遺伝子を調べると、そのなかには明らかにウイルス由来のものがあります。過去にさまざまな形でウイルスに感染し、そのために命を落とした私たちのご先祖さまが大勢いる一方で、そのウイルスを取りこむことによって、生き延びることができたご先祖さまもいた。結局、人類とウイルスは共存せざるをえないし、共存することによって、私たちはなんらかの進化を遂げてきたのです。

　先述のとおり、エボラウイルスは、コウモリを宿主にして共生しています。別の言い方

をすれば、コウモリを殺さないことによって、エボラウイルスは生き延びているわけです。あるいは鳥インフルエンザも、宿主である渡り鳥のカモを殺すことはありません。殺さないことで、ウイルスは生き延びているということです。

人間にも同じことが言えます。私たちの体内にあるさまざまなウイルスは、かつては大勢の人間を殺したことでしょう。でも宿主を全員殺すと、そのウイルスも死に絶えてしまいます。

前章では突然変異についてお話ししました。ウイルスにもやはりこの突然変異が起きる。突然変異を繰り返すうちに、宿主を殺さないタイプのウイルスが登場し、そのタイプだけが生き延びることができたのです。**あたかもウイルスが意思や戦略を持っているかのように見えますが、それは偶然の采配（さいはい）なのです。**

たとえばエイズも、当初は大勢の人が死んでいきました。でも現在は、さまざまな薬が開発され、たとえエイズに感染しても、発病を長い間、抑えることができるようになりました。結果的に、エイズウイルスと人間は共存ができるような状態になりつつあるということです。

エボラ出血熱も、最初のうちは感染すると死亡率が異常に高い。前述のとおり九〇パーセントにも及びます。しかし感染を繰り返していくうちに、死亡率は次第に減っていくと言われています。これも、ウイルスが突然変異を繰り返していくからです。

細菌研究の発展

では、科学はウイルスという存在とどう向き合ってきたのでしょうか。

ウイルスが発見されるまでには、細菌研究の積み重ねがあります。細菌について、科学者たちはこんな疑問を持ちました。バクテリアのような細菌や微生物は、自然発生するのだろうか、と。

たとえば、スープを何日も放置しておくと、微生物が大量に発生します。微生物がスープから自然に発生したように見えますね。でも、はたして本当にそうなのだろうか？――

この疑問を解くために実験を行い、微生物の自然発生がありえないことを証明した人物がいます。一九世紀フランスの科学者ルイ・パスツールです。

パスツールが行った実験は、次のようなものでした。まずフラスコのなかにスープを入れて熱を加えます。加熱することで、もともとスープのなかにいた微生物は死に絶えます。同時に、熱せられた空気はどんどん外に出ていく。その後に、熱を止めてスープを冷まして放置します。

結果はどうなったか。こういう状態にすると、何日たっても微生物は発生しなかった。この実験によって、微生物は自然発生するのではなく外から入ってくるものであることを、パスツールは実証したのです。

こうした研究から、パスツールは近代細菌学の父と称されていますが、じつはもう一人、同じ名称で呼ばれる人物がいます。それがドイツの細菌学者ロベルト・コッホです。

コッホは、特定の微生物が病気の原因であることを証明する方針として、**「コッホの四条件」**というものを提唱しました。

第一の条件は、患者の体内に細菌を発見できること。第二の条件は、その細菌を分離して培養できることです。そして第三の条件として、分離して培養した細菌を動物に注入したとき、同じ病気が発病すること。ようするに、その細菌で病気が再現可能かどうかということです。そして、発病した動物から、もう一度、同じ細菌を取り出せることが四つめの条件です。

この四つの条件を満たしてはじめて、ある細菌が何らかの病気を引き起こすことが証明できる。仮説を立てるだけではなく、**誰が同じ実験をしても同じ結果が出ないと、実証したことにはなりません。**

患者の体内から細菌を見つけて、「この細菌が原因だ！」と主張したところで、それはまだ仮説の段階です。第二から第四の条件までを満たさないと、検証されたことにはなりません。コッホが提唱した方針は、まさにこの科学の手続きに則(のっと)っていたことがわかるでしょう。

ウイルスの発見

細菌に次いで、ようやくウイルスの発見です。ウイルスのような小さなものを、どのようにして見つけたのでしょうか。

最初の立役者はドイツの農学者アドルフ・マイヤーです。一八八〇年ごろ、彼は、タバコの葉っぱにできるタバコモザイク病の原因を追求しました。

タバコモザイク病とは、文字どおり、タバコの葉っぱにモザイクのような斑点ができる病気です。なぜ、こんなことが起きるのか。マイヤーは病気のタバコの葉をすりつぶして、その上澄みの液体を健康なタバコの葉に振りかけてみました。すると一〇本のうち九本までが同じモザイク病になった。つまり、タバコの葉に病原体があることを突き止めたのです。しかし結局、彼はその病原体を発見するまでには至りませんでした。

その後、ロシアの科学者が、細菌やバクテリアが引っかかるようなフィルターをつくることに成功します。そこで、このタバコモザイク病の上澄み液をフィルターにかけ、ろ過した液体をもう一度、タバコの葉にかけてみた。

もし、タバコモザイク病の原因が細菌ならば、その細菌はフィルターに引っかかります。液をろ過しておけば、葉にかけても病気にはならないはずです。ところが、実験するとそうではなかった。ろ過した液をタバコの葉にかけると、やはりタバコモザイク病が発症したのです。

この結果から、タバコモザイク病の原因は細菌でないことがわかりました。では、原因は何か。ここで二つの仮説が考えられます。

一つは、フィルターに引っかからないような、細菌よりさらに小さなものが病気を引き起こしたという仮説です。もう一つの仮説は、何らかの毒が病気を引き起こしたというものです。

そこで、あるオランダの科学者が、ろ過した液体を薄めてみた。毒ならば、何百倍にも薄めれば効果がなくなるはずです。しかしどれだけ薄くしても、タバコモザイク病が発症することには変わりません。毒が原因という仮説は間違いということになります。

そうなると、細菌よりさらに小さな病原体の可能性が浮上します。それは**ウイルス**と名づけられました。「毒液」というラテン語の言葉が由来です。

そんなに小さい存在は、ふつうの光学顕微鏡では見つけることができません。その後、電子顕微鏡が発明されることによってはじめて、細菌よりさらに微細な、病気を引き起こす存在が特定できたのです。ここに至ってようやく、ウイルスの発見ということになりました。

移植手術の難しさ

病気の原因を突きつめていくと、細菌が発見され、さらにそれより小さなウイルスという存在に行き着きました。

第一章で「要素還元主義」について説明しました。物理学は、物体や物質を分子→原子→素粒子とどんどん細かくしていき、宇宙の究極の要素を探っていきます。医学も同じように、**より小さなレベルで病気の原因を突き止めよう**と、研究を重ねてきたわけです。すると今度は、細菌やウイルスを使って、遺伝子やＤＮＡの研究が発展することになりました。

前章でもお話ししたとおり、現在の医学はこうした遺伝子研究と結びついて、遺伝子診断や遺伝子改良という新たな領域を切り開いている途上にあります。

しかし、遺伝子診断がどれだけ精緻(せいち)に行われたところで、私たちは遺伝とは関係なく病気になることもあるし、ケガもします。そのなかには、現代の医学では治療が困難な病気もある。とくに心臓や腎臓(じんぞう)の移植手術は、多くの問題を抱えています。提供される臓器が少ないため、手術を受けるまで長い時間を待たなければなりません。

また、たとえ手術ができたところで、他人の臓器を移植すると、それに対する免疫反応が起こり、移植された臓器を拒絶することがある。このような拒絶反応が起きてしまうと、その臓器の機能は低下してしまうのです。

何かもっといい治療法がないだろうか。たとえば、**本人の細胞を使って、新しい臓器をつくることができれば、免疫反応による拒絶は起きないのではないか**。それを実現するのが、再生医療という方法なのです。

多能性細胞とは何か

私たちの体は、約三七兆個もの細胞から成り立っています。かつては六〇兆個と言われていましたが、現在はこの程度だと見られています。一つひとつの細胞は、体のそれぞれの場所で、指の一部や、膝の一部、胃や肝臓の一部を構成しているわけです。

考えてみると不思議だとは思いませんか。男性の精子と女性の卵子が合体して受精卵ができた時点では、細胞はたった一つです。それが、細胞分裂を繰り返すうちに、どんどん増え、それぞれの細胞が、体の一部を構成していくのです。

そんなことが、どのようにして可能になるのか。素朴な疑問を解き明かすべく、学者たちは長い時間をかけて研究を続けてきました。

その結果、最初のたった一個の細胞に、人体の設計図のようなものが入っていて、この設計図にもとづいて人体ができあがっていくことがわかったのです。つまり最初の受精卵は、**体のどんな部位にもなりうる可能性を持った「万能の細胞」**ということになります。

体のさまざまな部位になれる能力を「**多能性**」といいます。受精卵はもともと、いくつもの部位に分化できる多能性を持っている。そうした能力を持つ細胞を**幹細胞**といい、受精卵が分裂を始めた初期の**胚**の段階では、細胞はこの性質を持っているのです。

しかし、それが一定の段階を超えて特定部位に分かれてしまうと、後戻りすることはできません。ならば、「多能性」の段階で細胞を取り出し、他の細胞に移植することができれば、ケガや病気で失われた体の部分に変化して、再生できるはずです。

この発想から開発されたのが、**ＥＳ細胞**（胚性幹細胞）でした。

ＥＳ細胞は、受精卵が胚になった段階、すなわち多能性がある段階で取り出されたものです。この細胞を使えば、さまざまな病気の治療に役立てられるでしょう。

ところが、ＥＳ細胞は受精卵ですから、やがて生命になるものです。それを取り出して移植に使うことは、受精卵から生命の誕生に至るプロセスを破壊してしまうことになります。そのため、「倫理上問題がある」という批判を強く受けました。

そこで、京都大学の山中伸弥教授がつくり出したのがｉＰＳ細胞（人工多能性幹細胞）でした。まさしくその名称のとおり、人工的につくられた多能性のある幹細胞ということですね。

人間のどこかの細胞を取り出して、まだ多能性を持っている段階に人工的に戻してやる。そうすればその細胞は、さまざまな部位に変化することができる。――そのような理屈ですが、はたしてすでに分化してしまった細胞を、多能性の状態に戻すことなんてできるのでしょうか。

ｉＰＳ細胞はどのようにつくられたのか

山中教授は、どのようにして多能性細胞をつくったのでしょうか。

受精卵には体全体の設計図が入っていると説明しました。しかし、じつは体のさまざまな部分に変化した細胞にも、体全体の設計図が入っているということがわかったのです。細胞が分裂していくプロセスで、それぞれの細胞は「お前はこの部位になれ」という特定の指示しか受け取れなくなる。つまり、それぞれの細胞が分化する過程で、全体の設計図がベールで隠されてしまい、自分の受け持ち部分しか見えなくなってしまうのです。

ということは、**全体の設計図を隠しているベールさえはぎ取れば、その細胞はES細胞のような多能性細胞に戻るのではないか**。これが山中教授の立てた仮説でした。

さあ、ここからベールをはぎ取るための試行錯誤が始まります。

山中教授が目をつけたのは、ES細胞で重要な働きをしている遺伝子でした。つまり、ES細胞を多能性細胞たらしめている遺伝子が特定できないかと考えたわけです。

さまざまな実験の結果、それをなんとか二四種類にまで絞りこむことができました。

この二四種類の遺伝子のうちのどれかを組み合わせれば、ES細胞に戻せるのではないか。そういうところまで研究は進んだのです。

でも、その組み合わせをどのようにして見つければいいのか。彼は悩みます。そんなとき、助手が「全部、試してみればいいじゃないですか」と言ったのです。

山中教授は、面食らったでしょう。二四種類の遺伝子のあらゆる組み合わせを考えたら、とてつもない数のパターンを試さなければなりません。どれだけ時間をかけても、できるはずなどありません。

すると、助手がこんなアイデアを出しました。

「心配する必要ないですよ。とりあえず二四種類の遺伝子を全部、マウスの受精卵に入れてみて、そこから一種類ずつ遺伝子を抜けばいい。抜いた後に、ES細胞ができなければ、その抜いた遺伝子が重要な働きをしている可能性が高いはずです」

まさに逆転の発想です。助手のアイデアのとおりに実験してみると、なんと四種類の遺伝子に絞りこまれました。つまり、その四つの遺伝子のうち一つでも欠けると、ES細胞ができなかったわけです。

そこで今度は、その四種類の遺伝子を、ふつうの細胞に注入してみました。実験は成功。見事にベールがはぎ取られ、多能性幹細胞、すなわちiPS細胞ができあがったのです。

三つの活用法

「iPS細胞」の「i」だけ小文字になっていることには、「iPodのように、iPS細胞も世界中の人々に愛されるものになってほしい」という山中教授の思いが込められています。

iPS細胞を使えば、人間のさまざまな部位の治療に役立てることができる。たとえば眼の病気がある患者に、iPS細胞で網膜（もうまく）細胞を培養して移植する。この手術は実際に行われ、一年たっても経過は良好だという結果が出ています。

iPS細胞には、大きく三つの活用法が考えられています。

一つめは、いま述べたような再生治療です。二つめは、難病研究。つまりiPS細胞を使って難病の細胞をつくることで、そのメカニズムを精密に研究できるようになるということ。そして三つめは、そういった治療の難しい病気に対する薬の開発です。

こうしてiPS細胞の開発により、医学は新しいフロンティアを発見することになったのです。

STAP細胞騒動

山中教授がiPS細胞作製に成功したことを発表したのは、二〇〇七年一一月です。それから七年後の二〇一四年一月、理化学研究所の発生・再生科学総合研究センター研究員だった小保方晴子さんが、STAP細胞の作製に成功したと発表し、その後、大騒動が繰り広げられました。

最初の発表を聞いて、私もびっくりしました。ゴールは、山中教授と同じく多能性細胞を作製することです。しかし、小保方さんが発表した方法は、あまりにも簡単なものだったからです。一言で言えば、従来の細胞を弱酸性の液体に通すだけ。それだけで、多能性細胞ができるという説明でした。

STAP細胞は、「刺激惹起性多能性獲得細胞」の略称です。言ってみれば「ちょっと刺激を与えたら、ベールがはぎ取られて、多能性細胞になりました」ということです。

これが本当であれば、iPS細胞作製を超える世界的ニュースです。

ところが、そうではなかった。小保方さんのSTAP細胞は、**サイエンスの大事な条件である「再現性」を満たさなかった**からです。

小保方さんが発表したＳＴＡＰ細胞作製の方法は仮説です。仮説ならば、その正しさを検証するために、同様の手続きで実験すれば誰もがＳＴＡＰ細胞をつくることができなければなりません。ところが、世界中の学者たちが再現実験をすると、みんなことごとく失敗しました。誰もＳＴＡＰ細胞をつくることができなかったのです。

そのため、ＳＴＡＰ細胞の存在には疑問符がつけられ、さらに発表論文にも、写真の使い回しや切り貼りなどがあったことが判明しました。

その結果、英国の科学誌『ネイチャー』に掲載されたＳＴＡＰ細胞に関する論文は、二〇一四年七月に撤回(てっかい)されました。

悪魔の証明

では、論文が撤回されたということは、ＳＴＡＰ細胞は存在しないということを意味するのでしょうか。

「**何かが存在しないことを証明すること**」を、一般に「悪魔の証明」と表現します。

たとえば、ブラックスワン（黒い白鳥）が存在しないことを証明できるでしょうか。もし、世界のどこかでブラックスワンが発見されたとすれば、その存在が証明されたことになります。しかし、存在しないことを証明するためには、世界中を隈(くま)なく探さなければなりません。どれだけ探しても見つからなかったとします。しかし、それでも「探し方が悪かっただけだろう」と言われてしまう恐れがある。いくら努力をしても報われません。だから「悪魔の証明」なのです。

STAP細胞も同じです。

「STAP細胞はないんですか？」

こう問われた科学者たちは、「ないとは言いきれない」と答えてきました。

ここに、文系と理系の考え方の違いがあるように思われます。

理系の人たちにとって、STAP細胞が存在しないことを証明するのは「悪魔の証明」です。一方、文系、というよりも科学を苦手と考える人たちは、「科学者が否定しきれないでいるのだから、STAP細胞は、やっぱりあるらしい」と思ってしまうのではないでしょうか。しかし、「悪魔の証明」のレベルでは「ないとは言いきれない」かもしれませんが、アカデミックなレベルでは、論文が撤回された時点で、その存在ははっきりと否定されているのです。

学問的には否定されたのですから、研究は振り出しに戻っておしまいのはずです。ところが、当時の下村博文・文部科学大臣は、「ＳＴＡＰ細胞を証明する努力をする必要がある」と発言してしまいました。そこで理研は、多額の税金を使って検証実験をしましたが、結果的には「やっぱりできませんでした」で終わったのです。

この検証実験は必要だったのでしょうか。本来なら、誰がやっても実験結果を再現できることではじめて、ＳＴＡＰ細胞は存在すると言えるのです。多くの科学者は、このことを理解していますが、文科相の発言には従わざるをえません。その結果、国民の税金を使ってブラックスワン探しが行われてしまったのです。

この騒動を通じて、文系人間にこそ科学的思考法が必要であることを、私はあらためて痛感しました。

社会の側の課題

さあ、ここまでお話ししたとおり、医学の進展はｉＰＳ細胞による「夢の治療法」に行き着きました。

ところが、このことで大きな社会的課題が生じました。先述した網膜細胞の移植手術には、これまでは大まかに言って億単位の治療費がかかっていました。そんな高額の治療費を個人で負担できるのでしょうか。健康保険で補塡すれば、今度は制度のほうが破綻してしまうでしょう。

となると、夢の治療法と言ったところで、**それは高額の医療費を負担できる一部の金持ちに独占されることになってしまう**。そんなことが許されるのかという問題が生じるわけです。

山中教授は再生医療の技術を向上させて、誰もがその成果を享受できるようにすることを次なる目標としています。しかしそれが実現する過程では、高額の医療費を誰が負担するのかという新たな課題が出てきます。

生物学の章では、遺伝子研究の進展につれて、さまざまな倫理的問題が登場したことを指摘しました。ここでも同様です。つまり新しい科学技術が発見されると、受け入れる側の社会もまた新たな課題に直面することになるのです。

科学の進歩は、社会の側の〝倫理的進歩〟を迫るのです。

第五章　首都直下地震から火山噴火まで

──「地学」の時間

首都直下地震の確率は七〇パーセント

二〇一六年四月一四日、熊本県で最大震度七の大地震が発生しました。さらに、一六日にもう一度、震度七を観測する地震が起きたあとも、大きな余震が相次いだのです。

この地震によって、熊本にはたくさんの活断層があることが多くの人に知られるようになりました。

しかし、熊本県に活断層があることは、すでにわかっていたことです。熊本では過去に何度も地震が起きていて、江戸時代には地震によって熊本城の石壁や石垣に大きな被害が出たことが記録に残されています。

歴史をひもとけば、地震はたくさん起こっていた。にもかかわらず熊本県は、地震が起きないことを魅力としてアピールして、企業誘致（ゆうち）のホームページをつくっていました。「喉元（のどもと）過ぎれば……」と言われるとおりですね。

とはいえ、過去に地震が頻発したことはあっても、地震が起きる確率から言えば、熊本はかなり低いほうです。むしろ首都圏で、熊本地震と同じ都市直下地震が将来、高い確率で起きることが予想されているのです。序章でもお話ししたとおり、国の地震調査研究推進本部・地震調査委員会によれば、これから三〇年以内にマグニチュード7級の地震が起きる確率は七〇パーセントと予測されています。

「首都直下」というと、東京の真下というイメージをつい持ってしまいますね。しかし、ここで言う「首都」とは、南関東を指します。つまり、千葉、埼玉、茨城南部、神奈川、東京すべてが含まれる。この地域のどこかで、マグニチュード7クラスの地震が三〇年以内に起きる確率が七〇パーセントだということです。

さあ、ここにも「確率七〇パーセント」が出てきました。これは何を意味するのでしょう？　あるいは、ここまで出てきた「活断層」や「直下地震」の正確な意味を知っていますか？

この章ではまず、地学という学問の成果をとおして、地震がなぜ起きるのかを見ていきましょう。

南海トラフ大地震の危険性

日本で起きる地震には、海溝（かいこう）型地震と内陸地震の二つがあります。後者は、一般に直下地震と呼ばれています。それぞれのメカニズムを理解するためには、まず「**プレート**」について知っておく必要があるでしょう。

地球の表面は厚さ一〇〇キロメートルほどの、十数枚の大きな岩盤（がんばん）に覆（おお）われています。これがプレートです。プレートは一年に数センチずつ動いているため、プレート同士の境目は、押し合い状態になっています。

日本列島とその周辺は、プレートの密集地域です。北アメリカプレート、太平洋プレート、ユーラシアプレート、フィリピン海プレートという四つのプレートがぶつかり合っている。これが日本を地震大国にしている原因です。

では、プレートと地震はどう関連するのでしょうか。

プレートには「**大陸プレート**」と「**海洋プレート**」の二種類があります。日本周辺の四つで言うと、北アメリカプレートとユーラシアプレートが大陸プレート、太平洋プレートとフィリピン海プレートが海洋プレートですね。

大陸プレートと海洋プレートがぶつかると、密度が高く重たい海洋プレートは、より軽い大陸プレートの下へ沈みこんでいきます。そのときに大陸プレートの先端部分を引きず

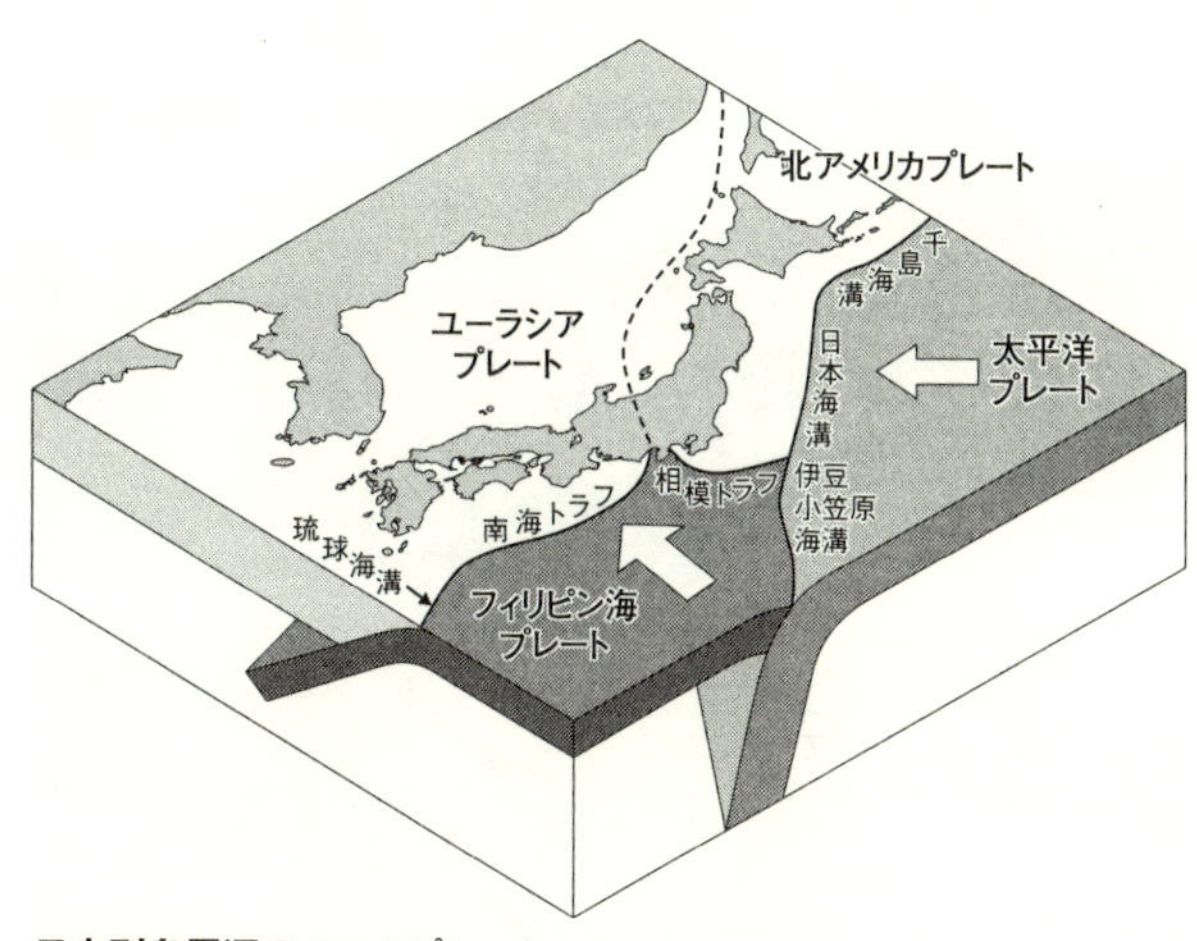

日本列島周辺の4つのプレート
(島村英紀『火山入門』NHK出版新書をもとに作成)

りこんでいくのです。このような状態がある程度まで進むと、大陸プレートは耐えきれなくなって元に戻ろうとする。そのとき、プレートとプレートの間がずれ動いて地震が発生するのです。このような地震が「**海溝型地震**」です。

「海溝」とはプレートが沈みこんでいる、海の底の溝(みぞ)状にくぼんでいる場所のこと。その深さが比較的浅いところでは「トラフ」と呼ばれます。

海溝型地震が起きると、プレートの上に乗っている海水も押し上げられる。それが陸の側に押し寄せてくるのが、津波という現象です。

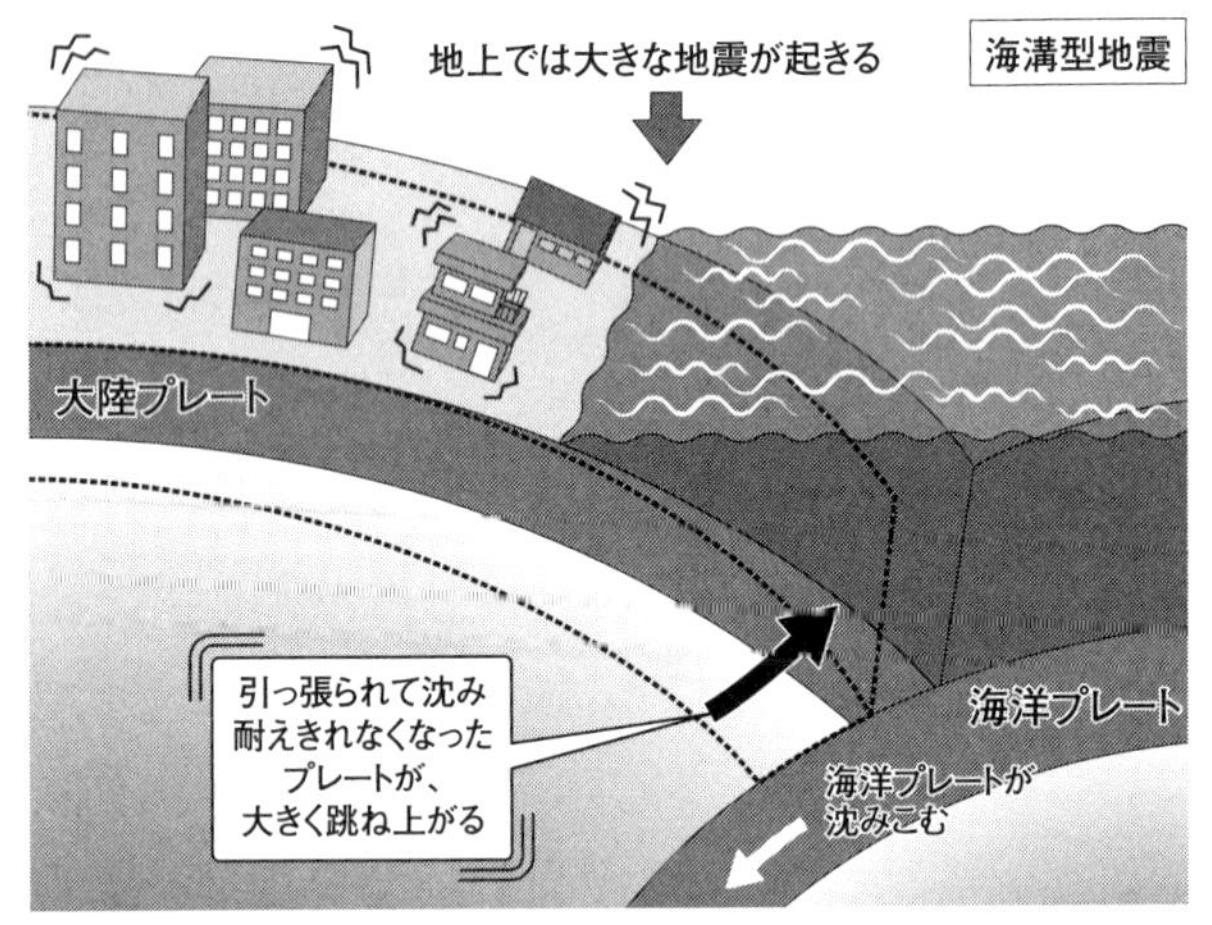

海溝型地震のメカニズム
(『池上彰の学べるニュース⑤——臨時特別号』海竜社をもとに作成)

二〇一一年三月一一日の東日本大震災を引き起こした東北沖地震(M9・0)は、北アメリカプレートと太平洋プレートの境目(日本海溝付近)で起きました。

一方、東海地方が面する南海トラフは、ユーラシアプレートとフィリピン海プレートの境目にあります。これまで、ここを震源域とした巨大地震が一〇〇年から一五〇年の間隔で、何度も起きました。現在は南海トラフの地震が最後に発生してから七〇年以上たっているため、首都直下地震とともに、南海トラフ地震が強く懸念されているのです。

内陸地震のメカニズム
(『池上彰の学べるニュース⑤――臨時特別号』海竜社をもとに作成)

内陸地震のメカニズム

内陸地震も、プレートの動きによって引き起こされます。大陸プレートが引きずりこまれるとき、陸地の内部には強いストレスがかかります。ストレスによって岩盤の弱い部分にひびが入る。弱い部分とは、たとえて言えば、皮膚にできた古傷のようなものです。この「古傷」が突然ずれ動くことで起きるのが「**内陸地震**」です。一般には「直下地震」ですが、これは私たちが住む地面の「直下」で起きる地震ということですね。

ちなみに、**ストレスというのは、もともとは地学の用語でした。**プレートの動きによって、内部に圧力が生じる。その力がストレスと呼ばれていたわけですが、これはやがて人間の精神状態を指す言葉としても使われるようになって、「ストレスを感じる」という言い方が定着したのです。

話を戻して、地下の岩盤には、海洋プレートが動くことによって常にストレスがかかっています。それが長い年月で蓄積されて、地層にずれが生じる。このずれが「断層」、先述の古傷のことです。ただし、地滑り(じすべ)によってずれたものでも、地層が切れていればすべて断層とされますが、このうち、**地震を引き起こすような、まさしく活動している断層が「活断層」と呼ばれる**のです。近い過去に繰り返し動いていて、また将来も活動する可能性のある断層のことですね。

内陸地震の代表が先述した熊本地震であり、一九九五年の阪神・淡路大震災を引き起こした兵庫県南部地震でした。特に都市の直下で地震が起きた場合、激しい揺れが都市を襲います。兵庫県南部地震では強い揺れでビルが倒れ、阪神高速道路が倒壊するなど、都市機能が徹底的に破壊され、甚大(じんだい)な被害をもたらしました。

「首都直下地震が三〇年以内に起きる確率が七〇パーセント」という予想も、これまで首都圏で起きた地震をもとに統計的に弾き出された数値です。

たとえば、ある活断層が一〇〇年に一度、地震を起こしているとしましょう。最後に起きた地震から、八〇年間地震が起きなければ、残りの二〇年で起きる確率は高くなる。そういった計算をして出てきた数字が「三〇年以内に七〇パーセント」という確率なのです。

かつて大陸は一つだった——大陸移動説

さて、ここまで地震のメカニズムをプレートの移動から説明してきました。

ここで疑問が生じます。**なぜプレートは動くのでしょうか**。先述のとおり、プレートは一年間に数センチずつ動いていますが、たとえ数センチずつとはいえ、長い年月が経つとプレートの移動は何をもたらすのでしょうか。

地震活動の原因だけではなく、これらの疑問を一挙に解決してくれる考え方が、およそ半世紀前の一九六〇年代に登場しました。「**プレートテクトニクス**」という理論です。ちょうどヒッグスさんがヒッグス粒子の存在を予言したのと同じ時期のことですね。

プレートテクトニクスの解説をする前に、「**大陸移動説**」という考え方を紹介しましょう。

これは一九一二年にドイツ人の地球物理学者アルフレッド・ウェゲナーが発表した説です。回り道をするようですが、大陸移動説を先に説明したほうが、プレートテクトニクスの意義がよくわかるからです。

あなたは、世界地図を眺めて疑問に思ったことはありませんか？　私は子どものころ、

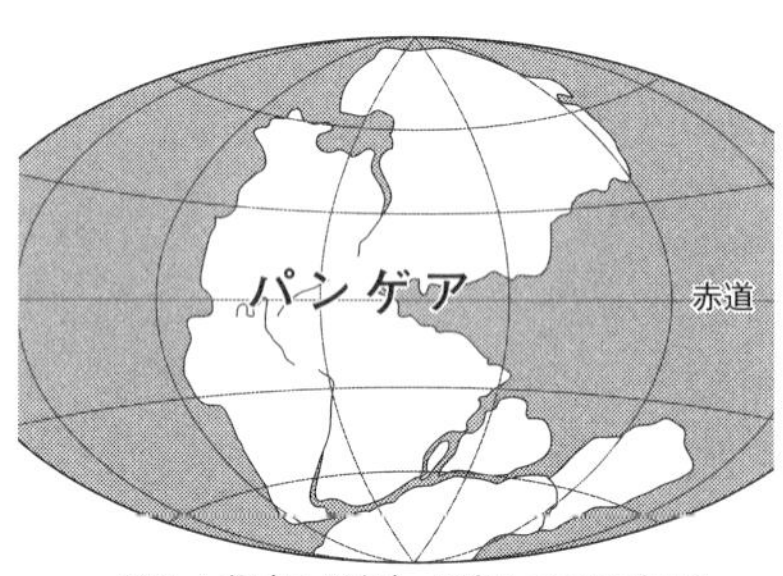

ペルム紀（二畳紀）2億5,000万年前

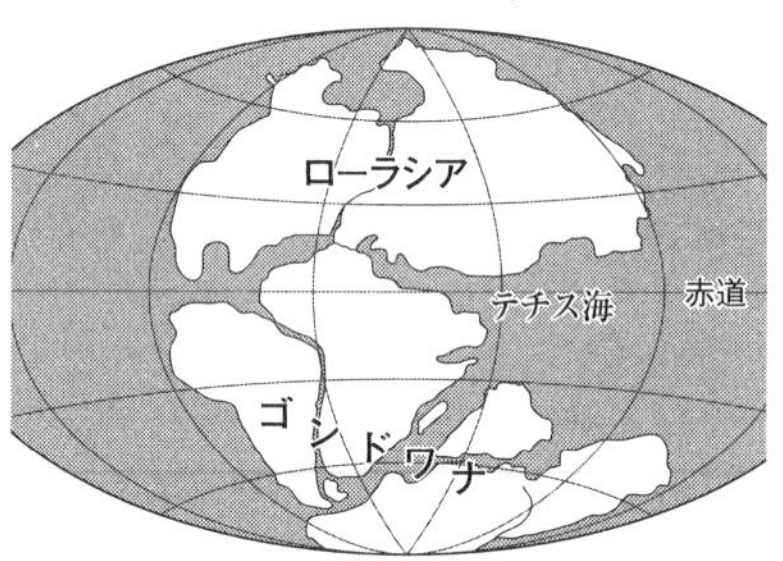

三畳紀 2億年前

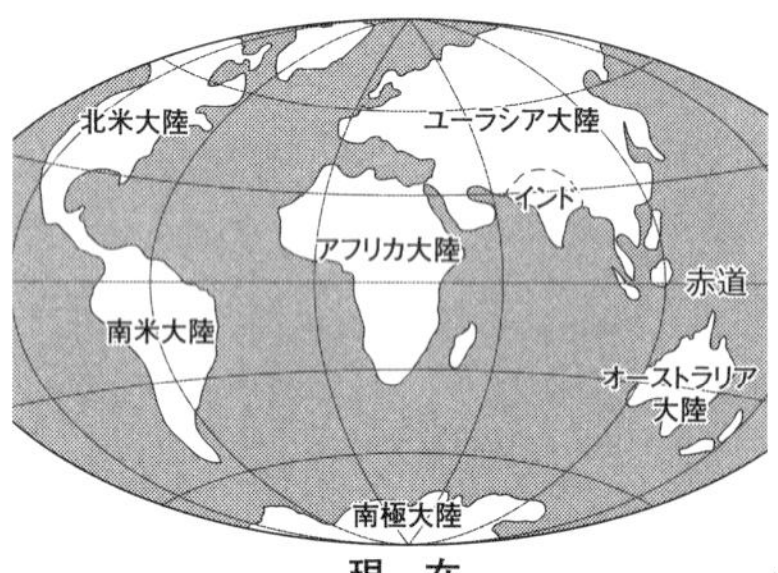

現　在

ウェゲナーの大陸移動説
（W. J. Kious, R. I. Tilling, *This Dynamic Earth: The Story of Plate Tectonics*, U.S. Geological Survey, Online edition, 1999. をもとに作成）

アフリカ大陸の東の部分と、南米大陸の西の部分を見て、「これはジグソーパズルみたいに、くっつきそうだ。どうしてこんな形になっているんだろう?」と、疑問に思ったことがあります。

私の場合は単なる疑問で終わってしまいましたが、ウェゲナーは世界地図を見て、「**昔は一つの大陸だったのではないか**」という仮説を立てて調べていきました。つまり、本当にジグソーパズルのようにピタリとはまるかどうかを調べていったのです。

世界地図の上で、大陸の形を決めているのは海岸線です。この海岸線がピタリとあわさって、二つ以上の大陸が一つの大陸になるだろうか。ウェゲナーはいろいろと試みましたが、なかなかピタリとはくっつかない。

ところが、それぞれの大陸の大陸棚(だな)(海岸から海底に続く傾斜のゆるい棚状の地形)までを調べてみると、その形がパズルのようにピタリとはまった。仮説の証拠が見つかったのです。そこでウェゲナーは、かつては一つだった大陸を「パンゲア」と名づけました。パンゲアとは「すべての陸地」という意味です。

大昔の地球は、たった一つの大陸と、それ以外の海というふうに、はっきり二つに分かれていた。ところがその大陸が少しずつ分離して移動して、今のような配置になっていった。これがウェゲナーの唱えた大陸移動説です。

大陸移動説の威力

この大陸移動説を使うと、いろいろなことが説明できます。

大西洋を挟んで、西ヨーロッパと北アメリカには同じ種類のカタツムリやミミズがいます。カタツムリやミミズが大西洋を泳いで別の大陸に渡ることなどできるわけがありません。では、なぜ西ヨーロッパと北アメリカに同じ種類のカタツムリやミミズがいるのでしょうか？

この疑問に対して、学者たちはさまざまな仮説を立てました。ウェゲナーが大陸移動説を発表する前のことです。

仮説の一つに「陸橋説」というものがありました。陸橋、つまり陸の橋です。かつては大西洋を挟んで、アメリカと西ヨーロッパの間には、陸の橋のようなものがかかっていた。カタツムリやミミズは、それを渡ったのではないだろうか。こういう仮説を立てた学者がいました。

「ミミズやカタツムリが橋を渡って大移動するか?」そんなツッコミを入れたくなりますが、言いたいことはわかります。離れた大陸に同じ生き物がいるのだから、それをつなぐ何かがあるという発想自体は、自然なものですね。

しかし、その痕跡はどこにも見つかりません。仮説は唱えたものの、その証拠が見つからなかったのです。

大陸移動説ならば、この現象は簡単に説明できます。昔は一つの大陸で、それが分かれたのだと考えれば、二つの大陸に同じ生き物がいてもおかしくはありません。

あるいは、氷河についてこんな謎がありました。

山に雪が降って積もっていくと、下のほうの雪は溶けないまま、後から降り積もる雪の重さで圧縮されて氷になっていく。こうしてできた氷がどんどん積み重なっていったものが氷河です。積み重なった氷河には、大変な重みが加わりますから、その重みで少しずつ動いていき、その動きにあわせて、地表の岩石を削り取っていく。そのため、氷河が通った跡は、はっきり痕跡として残っています。

この氷河の通った跡が、赤道近くにもあります。赤道近くに、どうして氷河の跡が残っているのか。これも、大陸が全部一つになっていた時代に氷河が通ったと考えれば、説明がつくわけです。

では、一つだった大陸は、いつごろ分かれていったのでしょうか。

たとえば、同種の恐竜の化石はアメリカでもオーストラリアでも、世界のあちこちで見つかっています。恐竜が生息していた時代は、地層を調べると、二億年前ぐらいだということが判明しました。そこから、二億年前にはまだ大陸がつながっていただろうということがわかるわけです。そしてだいたい、その時代から、少しずつ大陸が分かれていったことも、地層の調査からわかってきました。

なぜ大陸は動くのか

このように、大陸移動説は、それまで謎とされていたことをうまく説明できるのですが、最も根本的な問題が未解決のままです。

それは「**そもそもなぜ大陸が移動するのか**」という問題です。ウェゲナーは、地球が自転をするときの遠心力で大陸が移動するのではないかという仮説を立てましたが、他の研究者から、遠心力には大陸を動かすほどの力はないと批判されました。

結局、大陸移動説は大陸が移動するそもそもの原因について説明することはできませんでした。その結果、大陸移動説は、一度は否定されました。

ちなみに、日本では科学者でエッセイストでもある寺田寅彦（とらひこ）が、大陸移動説を好意的に紹介しています。寺田は、大陸移動説をもとに、日本列島もアジア大陸から分かれていったと考えたのです。しかし学者の世界では、寺田のように好意的な研究者は例外的な存在でした。

序章では、科学という営みについて解説しました。そこで述べたとおり、**科学では、仮説を提出した後に実証しなければ、正しい理論としては認められません。**

ウェゲナーは、さまざまな現象を説明できるすばらしい仮説を立てたけれど、実証はできなかった。だから、科学のルールに則って、科学者たちは大陸移動説に反対したということになります。

それでもウェゲナーはあきらめずに、なんとか大陸移動説を証明しようとしました。彼は、今も大陸は動いていると考え、グリーンランドを探索して、その証拠を見つけようとしましたが、探検の途中で遭難して命を落としてしまいました。文字どおり、研究に命を賭けた研究者でした。

マントル対流のしくみ

しかし、ウェゲナーの死後、大陸移動説が復活したのです。大陸がなぜ動くのか。この問題を解く手がかりとなったのが「**マントル対流**」です。

地球の中心部は超高温状態になっています。約四六億年前、太陽のまわりを回っていた塵やガスが集まって微惑星ができ、さらに微惑星が激しくぶつかって地球ができました。物質が衝突すると、そこに熱が生じます。これは運動エネルギーが熱エネルギーに変わるからですね。たとえば、鉄を激しく叩くと熱くなる。それと同じように、微惑星がぶつかり合って地球ができたとき、ものすごい高熱を帯びたのです。

中心が高熱になると、そのまわりでは何が起きるでしょうか。

鍋でお湯をわかすと、そのなかでは対流が起きます。水が熱くなると、密度が低く軽くなるので、上昇していく。上昇したお湯は、空気に触れて温度が下がる。温度が下がると、今度は密度が高く重くなって、下に沈んでいきます。こうして、鍋のなかではお湯がグルグル回りながら、温まっていくのです。お風呂をわかすときも同様です。ときどき、上は熱いのに、下はまだ冷たいことがよくありますね。これはまだ、お風呂全体が対流によって温まっていないということです。

同じことが、地球の内部でも起きています。地球の中心部を覆っているマントルという層がある。マントルとは「覆い」という意味です。この覆いは岩石でできていますが、中心の熱によって、ゆっくりと対流を起こしている。これがマントル対流と呼ばれる現象です。

大陸はこのマントル対流によって動いているのではないか。そういう考えが出てきて、大陸移動説が見直されるようになっていきました。

そして一九六〇年代になって、この考え方をさらに洗練させたプレートテクトニクス理論が登場したのです。

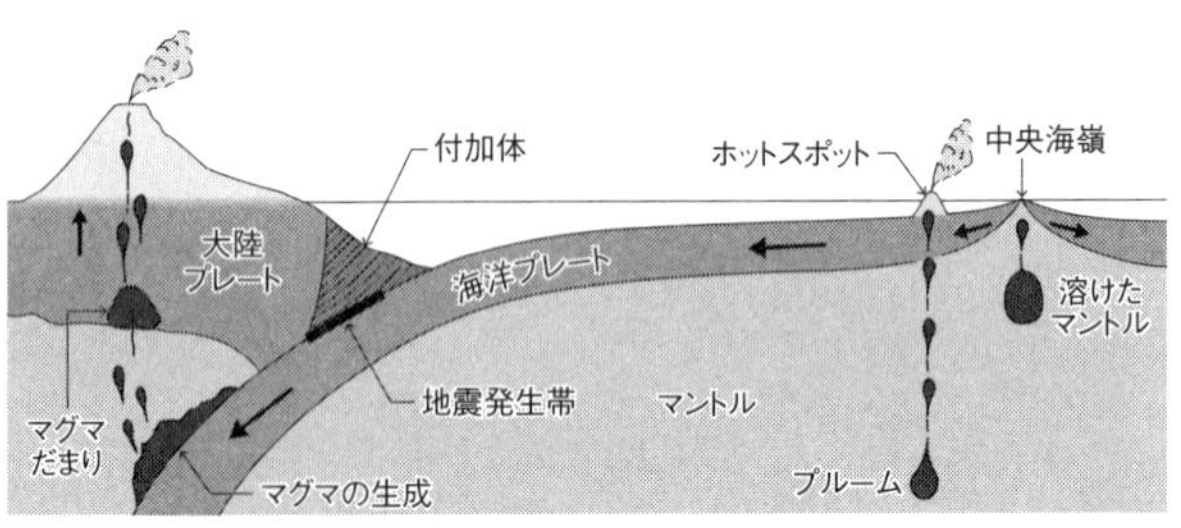

プレートテクトニクスによる大陸移動のしくみ

大陸移動のしくみをプレートテクトニクスが解き明かす

さあ、ようやくプレートテクトニクスにまでたどりつきました。

地球の中心部は高熱を帯びています。この熱によってマントル対流が起き、マントルの上に乗っているプレートが動いていく。

プレートというのは、言ってみれば、ホットミルクにできる薄い膜（まく）のようなものです。ホットミルクが地球のマントル、上の薄い膜がプレートと考えると、イメージしやすいのではないでしょうか。

プレートテクトニクスとは、このようなプレートの動きによって、地震から大陸移動までを解き明かす理論です。

さきほど説明した地震のメカニズムも、プレートテクトニクスが解き明かしたものです。おさらいしておきましょう。

海洋プレートが大陸プレートにぶつかって沈みこむと、大陸プレートもそれに引きずられる。その状態に耐えきれなくなった大陸プレートが元に戻ろうとしたときに海溝型地震が起きるわけです。

大陸が動く場合も、プレートテクトニクスによれば、二つの力で説明できます。

一つは、マントル対流がプレートを引きずる力で、もう一つは沈みこむプレートが大陸を引っ張る力です。プレートテクトニクスでは、この二つの力があわさって大陸が動いていくと考えます。

こうして、ウェゲナーの大陸移動説の最大の欠点だった大陸が動く原因を、プレートテクトニクスは見事に説明できたということです。

伊豆半島は南洋からやってきた

近年では、ＧＰＳなどの人工衛星による観測技術によって、どのプレートも一年間に数センチ程度の速度で動いていることがわかるようになりました。

プレートが動いているといっても、私たちに実感することはもちろんできません。「本当？」と思ってしまいますね。しかし、その証拠は身近なところにも見つかります。たとえば、伊豆半島に行くと、突然、植生が変わります。伊豆半島に入ったとたんに、ソテツが生えている。電車や自動車で伊豆半島に入ると、「なんだか南洋に来たみたいだな」と感じる方も多いでしょう。

じつは伊豆半島というのは、本州では唯一フィリピン海プレートに乗っている地域です。もともと伊豆半島は、フィリピン近くの南洋にありました。それが長い時間をかけて、およそ一〇〇万年前に日本列島までたどりついたのです。その後、日本列島をぐいぐいと押しながら、五〇万年前に現在の半島の形になりました。その証拠が植生なのです。

伊豆半島が日本列島をぐいぐいと押せば、日本列島側にも変化が起きる。それでできたのが、丹沢山系です。

これは余談になりますが、ハワイ諸島も今、千島列島方向に向かって少しずつ動いています。やがては、北海道のちょっと東側に到達することになるでしょう。

ハワイ諸島はもともとマグマの噴出によってできた島々です。ハワイ諸島には、**ホットスポット**と呼ばれるマグマの噴出口があります。そこからマグマが出て、海のなかに火山ができる。それがさらに成長して島になり、海の上に顔を出したわけです。

ホットスポットは当面は大きく動きません。つまりマグマが噴出する場所は変わらないことになります。現在は、いちばん東のハワイ島にホットスポットがある。だから、ハワイ島にあるキラウェア火山が活発に噴火活動をしているわけです。

しかし、ハワイ諸島はプレートの上に乗って少しずつ北西に動いていきますから、やがてはキラウェア火山の噴火は止まるでしょう。そしてプレート上の別の地点で、新しい火山が海から顔を出します。じつは東側の海底には、もう新しい火山ができていて、ロイヒ海底火山という名前もついているのです。

ただし、ハワイ諸島の移動の速度は年に一〇センチから一五センチなので、千島列島に到達するにはまだまだ時間がかかります。

人類はプレートの活動から生まれた?

このように、長い年月をかけて、大陸の形はまた変わっていきます。そうなると、どこがどのように変化していくのかが気になるでしょう。

大地溝帯

その点で注目されているのがアフリカです。アフリカの東側には、アフリカ大陸の南北を縦断する巨大な渓谷があります。これを**大地溝帯**といいます。

大地溝帯は、大陸プレートにできた巨大な裂け目です。プレートの下ではマントル対流が起こっており、このマントルからマグマが湧き上がってくる。するとマグマに押されて、プレートが左右に広がろうとして大きな裂け目ができます。

この裂け目がさらに広がると、やがて大陸そのものが分裂する。ですから、アフリカの東側は、いずれ現在のアフリカ大陸から分離していくだろうと考えられているのです。

この大地溝帯は、人類誕生の原因とも密接に関係していると言われています。

ホモ・サピエンスは、アフリカ東部のタンザニア、ケニア、エチオピア周辺で誕生したことがわかっています。年代には諸説がありますが、二〇万年前という説が多数派です。『おとなの教養』では、アフリカ東部で人類が誕生した原因について、次のような説を紹介しました。

アフリカの大地溝帯からマグマが噴き出し山脈をつくったことで、大西洋から吹く湿った偏西風(へんせいふう)が大地溝帯の山脈にぶつかって、西側に雨を降らせ、東側では乾燥化が進んだ。乾燥して森はなくなり、現在のような草原になりました。

すると、それまで森の木の上で暮らしていたサルたちが、もう森にはいられなくなってしまったために、草原に下りてきて、やがて二足歩行をするようになった。

これは気候変動から森の消失を説明したものですが、それとは別に、プレートが割れるときにマグマが噴出し、火山活動が活発になったことで、森が消えたという説もあります。

いずれも確定的な説ではありません。でも、**プレートの活動によって人類が誕生したと**考えると、地学という学問がさらに身近に感じられるのではないでしょうか。

プレート活動がもたらす恵み

アフリカの大地溝帯では、今も火山活動が活発なので、日本のように温泉がたくさんあります。またケニアでは、日本の援助で、地熱発電もさかんに行われています。

私は現地を取材したことがあります。アフリカの大地に白い煙が立ち昇るという壮大な光景でした。

それと同じように、温泉や地熱発電が活発なのが、アイスランドです。

日本列島周辺では、北アメリカプレートとユーラシアプレートがぶつかっていますが、この二つのプレートは、大西洋中央海嶺（かいれい）という巨大な海底山脈の活動から生まれたものです。海底山脈の中心には大きな割れ目があり、そこにマグマが噴き出して、割れ目の両側に新しいプレートがつくられます。アイスランドは、ちょうどこの海底山脈の割れ目に当たる部分にできた島です。だからアイスランドでは、二つのプレートのスタート地点を見ることができるのです。

私は、その場所にも行ったことがあります。ここもアフリカの大地溝帯と似ていて、大地の裂け目が巨大な峡谷（きょうこく）として広がり、地下からマグマが噴出しています。そのために、温泉もあり、地熱発電が活発に行われているのです。

とくにアイスランドの首都レイキャビクでは、豊富な熱源を使った温泉のお湯で、すべての暖房をまかなっています。アイスランドでは、プレートから新たに生まれる自然の恵みを生かしているのです。

マグマの発生と火山の噴火

次に、火山についてお話ししましょう。

日本列島周辺の四つのプレートがぶつかり合っているところに、火山が点々とできている。そこから、**火山はプレート同士がぶつかることで生まれるのではないか**、という仮説を立てることができますね。この仮説が正しいかどうかは、地下のプレートの動きを実際に調べるとわかります。

たとえば、日本列島周辺では、ユーラシアプレートという大陸プレートと、フィリピン海プレートという海洋プレートがぶつかっています。ということは、フィリピン海プレートが、ユーラシアプレートの下へ沈みこむわけです。

フィリピン海プレートは海底にあるため、土砂や生物の死骸などのさまざまな堆積物がある。この堆積物と水がいっしょになって、ユーラシアプレートの下に入っていきます。こうして潜りこんだ堆積物や水分の影響によって、プレート上面に接するマントルが溶け出してマグマが生まれます。マグマは周辺の岩石に比べて比重が軽いため、やがて上昇していきます。

上部のほうが圧力は低いため、下のほうでギュッと押さえられていたマグマは、上昇するにしたがって膨張します。膨張すれば、また比重が軽くなるので、さらにマグマは上昇していく。こうしてマグマは地上に近づき、地面の下にマグマだまりというものが生まれます。

このマグマだまりの活動が何らかの原因で活発になると、溶岩になって上昇し、地上に飛び出していく。これが地上で見られる火山活動です。そうやって飛び出した溶岩が積み重なると、富士山のような成層火山に成長することになります（一九二ページの図を参照）。

プレートがぶつかるところで火山ができるという仮説は、このように説明されています。

地震と火山の関係は未解決

しかし、未解決の問題も残っています。「マグマだまりの活動が何らかの原因で活発になる」と書きましたが、その原因が明らかになっておらず、いずれも仮説の段階にとどまっているのです。

たとえば、**東日本大震災を引き起こした東北沖地震のあと、なぜ全国各地で火山活動が活発になったのでしょうか**。東北沖地震は、太平洋プレートが北アメリカプレートの下に沈みこんでいたことで起きました。つまり、太平洋プレートが北アメリカプレートをぐいと引きずりこんだことに北アメリカプレートが反発し、跳(は)ねあがったことで大地震が起きました。そこから、次のような仮説を唱える研究者もいます。

それまで、北アメリカプレートにあるマグマだまりも、押さえつけられて小さく変形していたはずだ。引きずりこまれた北アメリカプレートが元に戻ろうと跳ねあがって地震が起きると、太平洋プレートの力は突然弱まることになる。その結果、マグマだまりに加えられた力も弱まり、マグマが膨張し、比重が軽くなる。比重が軽くなったことでマグマは急激に上昇して、火山活動が活発になったのではないか――。

一方、この仮説では、九州など震源から遠いところでも火山活動が活発化する理由をうまく説明できないという反論もあります。

東北沖地震後に火山活動が活発化している理由、すなわち地震と火山活動の関係について言えば、まだ決定的な仮説は提出されていないということになるでしょう。


この章では、地震のメカニズムを考え、そこに大陸移動説やプレートテクトニクス理論が大きく関係していることを説明しました。

プレートが動くことで、海溝型地震と内陸地震が起き、沈みこんだプレートの影響でマグマの活動が生じ、火山が誕生するということになります。

日本という国は、列島とその周辺に四つのプレートが密集している地震大国です。私たちにとって大切なのは、「首都直下地震が三〇年以内に起きる確率は七〇パーセント」という数字にいたずらにおびえるだけではなく、地学という学問の基本をふまえて、地震について正確に理解することでしょう。

第六章　地球温暖化は止められるのか?

――「環境問題」の時間

地震や火山は、人間の力では防ぐことができない天災です。地震や噴火の発生そのものに対して、人間はなす術を持ちません。だからこそ私たちは、地震や火山のメカニズムをよく知り、それが発生したときに、犠牲者ができるだけ少なくなるような準備をしておかなければなりません。

一方、同じく自然に関することでも、人間の営みが生み出した環境問題というものがあります。とりわけ近代以降、科学技術が急速に発展したことで、人間の力は地球に大きな負荷をかけることになりました。その結果、地球規模で取り組まねばならない課題が生じることになったのです。

この最後の章では、地球温暖化を中心に環境問題について科学的に考察していきます。環境問題は、サイエンスの応用問題です。本書の総仕上げとして、地球温暖化という現象を考えていきましょう。

地球温暖化を疑う議論

サイエンスは疑うことから始まります。私たちもまず、常識を疑ってみることにしましょう。一般的には、地球は温暖化していると言われています。でもはたして、本当なのか。

地球温暖化は本当に起きているのでしょうか。

実際、科学者のなかにも、地球温暖化を疑う人がいました。

地球の歴史を見ると、地球全体が氷河に覆われた寒い時代と、温暖な時代を繰り返しています。そのサイクルで考えれば、地球は今後もずっと温暖化していくわけではなく、いずれまた寒冷期を迎えるに違いない。これが温暖化懐疑論です。

この懐疑論に対しては、専門家の側から、近い将来に氷期がやってくる確率はきわめて低いという反論が出ていますから、それほど説得力がある議論とは言えません。

しかし、今なお地球温暖化を疑う人は数多くいます。そのきっかけとなったのが、二〇〇九年の「クライメートゲート事件」です。リチャード・ニクソン大統領を辞任に追いこんだ「ウォーターゲート事件」にひっかけて、「クライメートゲート事件」と呼ばれるようになりました。

当時の、イギリスの温暖化研究者たちのメールのやり取りが、ハッカーによってネット上に流出しました。そのメールには、温暖化を裏づけるためのデータの「捏造（ねつぞう）」が行われたり、温暖化説を批判する研究者の論文に圧力をかけたり、といった内容が記されており、それがスキャンダルとして報道されたのです。

この事件は、「それみたことか！」と懐疑論者を勢いづかせ、欧米では地球温暖化説を疑問視する人のパーセンテージが一挙に上がったと言われます。アメリカでは、「国民の半数近くが地球温暖化に疑いを持つようになった」とも報じられました。

背景には政治的思惑が

この事件は、温暖化の専門家の間でも深刻な問題になり、さまざまな調査が行われました。そして、温暖化が進んでいるという結論は変わらないということで、いちおうの決着を見たのです。

しかし、いぜんとして地球温暖化の研究に対する懐疑論は根強くあります。その理由の一つとして、地球温暖化の研究は、その裏側でさまざまな利害関係があると推測されやすいことが挙げられるでしょう。

たとえば「温暖化が進行している」と主張する研究者は、研究予算が欲しいからそう言っているのではないか、と疑惑の目を向ける人もいます。

あるいは、温暖化の進行によって二酸化炭素の排出に厳しい規制がかかれば、石炭や石油など化石燃料の使用が控えられ、原子力発電が推進されるようになる。ということは、原発推進派と研究者の間に癒着があるのではないか、と疑う人もいます。

温暖化が進んでいるとなると、政治的にも経済的にも、さまざまな政策が取られることになるでしょう。ということは、**科学的な実証性とは別のところで、温暖化研究というものは疑惑にさらされやすいし、政争の具にもなりやすい。**

しかし、温暖化を否定する人にも同じことが言えるでしょう。

たとえば、大統領候補のドナルド・トランプをはじめとして、アメリカの共和党議員の大半は、「地球温暖化は起きていない」と主張しています。アメリカの「ポリティファクト」というウェブサイトでは、政治家の発言について検証しています。二〇一四年のデータによると、共和党議員二七八人のうち、人為的に地球温暖化が引き起こされていることを認めたのはたった八人でした。彼らの多くは、石油産業や石炭業界から多額の政治献金をもらっています。だから「温暖化している」とは言えないのではないか、という疑惑が生じます。

フーリエの仮説

疑うことが大事だといっても、こういった政治的な思惑から地球温暖化を疑うのは科学的な態度ではありません。

そこで、科学の歴史をひもといて、地球温暖化がどのように研究されてきたのかを見ていくことにしましょう。

現代の私たちは、地球温暖化が「温室効果」によって起きるということを知っています。では、**そもそも温室効果はどのように発見されたのでしょうか。**

温室効果につながっていく最初のアイデアは、フランスの物理学者ジョゼフ・フーリエの論文によって、一八二七年に唱えられました。

彼はまず、こんな問いを立てます。――地球は、太陽光のエネルギーを受けとる一方で、地球から赤外線（せきがいせん）として宇宙へ出ていくエネルギーもある。その量が同じなら、理論的に気温はもっと低くなるはずなのに、現実の気温はそれよりも高い。なぜこんなことが起きるのか。

この疑問を解くために、フーリエは二つの仮説を立てました。

一つめは、宇宙から別のエネルギーが来ているという仮説です。宇宙には太陽と同じように、自ら燃えて光や熱を出している恒星（こうせい）があります。そのエネルギーが地球にもやって来ているのではないか。

二つめの仮説は、地球の大気が外に出ていこうとするエネルギーを蓄（たくわ）えているのではないかというものです。これが、まさに温室効果につながるアイデアです。

二つの仮説のうち、一つめは理論的におかしいと否定されたため、二つめの仮説が有力となりました。しかしまだフーリエの段階では、実証はできていません。フーリエの理論を実験で確かめたのが、アイルランドの物理学者ジョン・チンダルです。

温室効果ガスの発見

チンダルは、地球の大気の中には赤外線を吸収するものとしないものがあるのではないかと考えて、つぎのような実験をしました。

まず筒を何本か準備します。それぞれの筒に大気を構成している気体を入れて、そこに片方から赤外線を当てる。筒のもう片方には、赤外線の量を感知する計測器が置かれています。こうすれば、どの気体が赤外線を吸収するかがわかるでしょう。

結果はどうなったかというと、酸素も窒素も水素もまったく赤外線を吸収しませんでした。一方で、水蒸気と二酸化炭素、それから窒素酸化物は、赤外線を吸収して熱を蓄えました。こうしてチンダルは、地上から宇宙へと出ていく赤外線を吸収する気体を実験で突き止めたのです。

地上から宇宙へ出ていくエネルギーを遮るものがいっさいなければ、地球の平均気温はマイナス一八度から一九度ぐらいになると、現代の科学では計算されています。でも実際には、地球全体の平均気温はおよそ一四度から一五度になっている。この温度の差が、水蒸気、二酸化炭素、窒素酸化物が赤外線を吸収して熱を蓄えることで生じることが明らかになったわけです。温室効果をもたらすガスは、こうして発見されました。

地球温暖化の原因というと、二酸化炭素ばかりが注目されがちですが、チンダルの実験からわかるように、水蒸気や窒素酸化物も二酸化炭素と同じように赤外線を吸収します。

そのため、これから地球が温暖化して海水がどんどん蒸発すると、地球の温暖化はさらに加速することになるでしょう。

また、シベリアの永久凍土では、大量のメタンが氷に含まれています。これが溶けると、凍っていたメタンが気体になって放出されるようになる。メタンは二酸化炭素よりはるかに温室効果が高いため、これも地球温暖化を加速するだろうと予測されています。

宮沢賢治と地球温暖化

温室効果ガスをチンダルが実験で発見したのは、一八六一年のことでした。その三五年後の一八九六年、スウェーデンの学者スヴェンテ・アレニウスは、大気中の二酸化炭素の濃度が高いと気温が変動することを実証しました。

二酸化炭素が熱を蓄えることはすでにチンダルが発見しているわけですが、二酸化炭素の量が増えると温暖化が加速することを、アレニウスが実証したのです。

しかし、アレニウスは温室効果を楽観的に語っていました。二酸化炭素が増えれば増えるほど、人類は穏やかな気候にめぐまれるようになる。そうすると、穀物の生産が活発になるので、人間は食糧不足から解放され、世界の人口は急速に増えていくだろう、と。

ここで意外な人物に登場願いましょう。日本の文学者、宮沢賢治です。賢治は一九三二年に『グスコーブドリの伝記』という小説を書きました。この小説は、グスコーブドリという架空の人物の伝記という体裁をとっています。

賢治が生きていた時代、東北はいつも冷害に苦しんでいました。主人公グスコーブドリが住む場所でも、寒冷化が進んで作物がまったく穫れなくなっています。どうしたらいいかと考えたグスコーブドリは、二酸化炭素に注目し、博士と次のような会話をします。

「先生、気層のなかに炭酸瓦斯が増えて来れば暖くなるのですか」
「それはなるだろう。地球ができてからいままでの気温は、大抵空気中の炭酸瓦斯の量できまっていたと云われる位だからね」
「カルボナード火山島が、いま爆発したら、この気候を変える位の炭酸瓦斯を噴くでしょうか」
「それは僕も計算した。あれがいま爆発すれば、瓦斯はすぐ大循環の上層の風にま

じって地球ぜんたいを包むだろう。そして下層の空気や地表からの熱の放散を防ぎ、
地球全体を平均で五度位温(あたたか)にするだろうと思う」

ここではアレニウスと同じように、温暖化が冷害を救う現象として捉(とら)えられています。確かな証拠はありませんが、宮沢賢治は盛岡高等農林学校（現・岩手大学農学部）で学んでいたので、おそらくアレニウスの論文を英語訳で読んだのではないでしょうか。賢治が生きていた時代には、まだ温暖化を危機として捉えてはいなかったのです。

二酸化炭素の増加は放射性年代測定法でわかった

アレニウスは、二酸化炭素が増えると気温が高くなることを実証しましたが、過去に比べて二酸化炭素が実際に増えているかどうかを実証するところまでは至っていません。

それは戦後の一九五五年、アメリカの物理学者ハンス・スースの研究によって確かめられたのです。そのときに使われた手法が、第三章で紹介した「放射性年代測定法」でした。

スースはまず、周辺の樹木のなかに放射性物質である炭素14がどれぐらい入っているか

を調べました。放射性物質には半減期があり、年月が経つほど減っていきますから、ふつうに考えれば、古い樹木のほうが炭素14の量は少ないはずです。ところ調査結果は逆でした。つまり、古い樹木のほうが新しい樹木よりも炭素14の量が多かったのです。

これはどういうことか。彼はこの調査結果から、驚くべき仮説を立てました。

古い樹木は、やがて地下に埋没して石炭になります。石炭の状態でも、炭素14は減り続けますね。すると、この石炭を燃やして出てくる二酸化炭素中の炭素14の量も、きわめて少ないことになる。だとしたら、新しい樹木は、石炭を燃やしてできた二酸化炭素を吸収して、光合成をしているのではないか。その結果、新しい樹木の炭素14の量が減っているのだろう、とスースは考えたのです。

一九五五年ですから、化石燃料は大量に使われています。地球上には、石炭を燃やしてできた炭素14の少ない二酸化炭素がどんどん増えている。それを吸収しているから、新しい樹木に含まれる炭素14も少なくなった。つまり、**人間が石炭を燃やし続けたことによって、地球上には大量の二酸化炭素が充満している**。これがハンス・スースの結論です。

スースが実証して以降、さまざまな方法で二酸化炭素の量は観測されるようになりました。たとえば南極の氷を調べることでも、二酸化炭素の量の変化を調べることができます。

南極には、大昔から雪が降り積もっています。雪がどんどん積もることによって、下のほうの雪が圧縮されて氷になっている。氷には空気が閉じこめられていますから、積もった氷を調べると、それぞれの時代の大気の成分がわかるのです。

そうやって分析した結果、**産業革命以後、急激に二酸化炭素の量が増えていること**がわかりました。イギリスから離れているにもかかわらず、大気は循環しているので、南極でもやはり二酸化炭素は増えているということです。

また一九五八年からは、ハワイのマウナ・ロア山の山頂近くでも、二酸化炭素の量が観測され続けています。その結果を見ると、観測が開始されて以降、二酸化炭素はずっと増え続けていることがわかります。

この章の冒頭では、「地球温暖化は本当か」と疑ってみました。しかし、これだけの科学的根拠があるのですから、二酸化炭素の増加によって地球温暖化が進行しているという仮説は、さしあたりの事実として認めるべきでしょう。

地球温暖化の被害

それでは、温暖化が進むとどのような被害が生じるでしょうか。

日本ではマラリアの感染が発生するのではないかと危惧(きぐ)されています。重症のマラリアを媒介するコガタハマダラカという蚊は、現在の日本の気温では宮古(みやこ)・八重山(やえやま)諸島にしか生存していませんが、温暖化が進んで気温が上がれば、沖縄本島から九州南部、四国の太平洋岸まで来る可能性もある。そうなると、マラリアを媒介する危険性が出てくるということです。

これまでの長い歴史のなかで、人間をいちばん多く殺した動物は何でしょうか。

答えは蚊です。マラリアを媒介することで、蚊はとほうもない数の人間を死に追いやりました。太平洋戦争中、大勢の日本軍の兵士が東南アジアの戦場で亡くなりましたが、実際には戦闘で死んだ人よりも、マラリアにかかって死んだ、あるいは食糧不足で餓死した人のほうがはるかに多かったと言われています。では、歴史上、二番目に人間を多く殺した動物は何か。もうおわかりですね。それは人間です。

話を戻すと、マラリアのほかに**海面上昇の問題**も深刻です。誤解のないように言っておくと、温暖化で北極の氷が溶けても海面は高くなりません。北極には大陸がありませんから、北極海に浮かんでいる氷が溶けたからといって、海面は上昇しない。これはコップに入れた氷水の氷が溶けても、水面の高さが変わらないのと同じです。

一方、南極大陸やシベリアなど、陸地の氷が溶けて海に流れこめば、当然、海水量が増えますから海面は上昇します。

しかし海面上昇の最大の理由は、陸の氷が溶けるからではなく、海水温度の上昇です。温暖化が進むと海水温度が高くなる。海水温度が高くなると、海水が膨張し海面が上昇してしまうのです。

すでに南太平洋ソロモン諸島のタロ島では、海面上昇によって島が侵食されてしまい、約一〇〇〇人の住民が別の島に移住することが決まりました。ほかにも、ツバルやキリバスなど、海面上昇によって水没の危険にある島が数多くあります。これから多くの南太平洋の島民たちが、住む場所を追われてしまうのです。

今のところ、ソロモン諸島の人たちは他の島が受け入れてくれることになっています。しかし、受け入れられない場合はどうなるでしょうか。おそらく、オーストラリアに移民するしかない。そういう島も、将来的には出てくるかもしれません。しかし、ただでさえ難民の受け入れに対する拒否反応があるなかで、オーストラリアは大勢の環境難民をはたして受け入れるでしょうか。

温暖化は、そういった国際問題も引き起こす可能性があるのです。

パリ協定は何を約束したのか

そこで一九八八年、世界各国の専門家が協力して、気候変動について調査することを目的に「**気候変動に関する政府間パネル**」（ＩＰＣＣ：Intergovernmental Panel on Climate Change）という組織が設立されました。「パネル」とは、パネルディスカッションのパネルで「参加者全体」という意味です。

さらに一九九二年には、国連が条約をつくって対策に乗り出しました。この条約の名前は「**国連気候変動枠組条約**」。国連では、地球温暖化と言わずに「気候変動」と呼んでいます。この条約に加盟している一九五の国と地域は、毎年会議を開いています。これが「**締約国会議**」（ＣＯＰ：Conference of the Parties）です。

この三回目の会議（ＣＯＰ３）が一九九七年に京都で開かれ、二〇〇八年からの五年間の平均で、温室効果ガスを一九九〇年に比べてどれだけ減らすかという目標を定めました。それを定めたものが**「京都議定書」**です。

この取り決めに尽力（じんりょく）したのが、当時のクリントン政権のゴア副大統領でした。彼が各国を説得することで、京都議定書がつくられたのです。

ところが、その後のアメリカ大統領選挙でゴアは負けてしまい、ブッシュが勝ちました。ブッシュは石油産業から多額の献金を受けているため、「地球は温暖化していない」と言って、京都議定書の取り決めから離脱してしまうのです。

日本は五年間で六パーセントの削減を約束しました。当初、実現できるかどうかが危ぶまれていましたが、二〇〇八年にリーマン・ショックが起きると、不況に見舞われ経済活動が沈滞した結果、電力消費量も激減します。その結果、二酸化炭素の放出量も激減して、日本はこの約束を守ることができました。なんとも皮肉なことですね。

ただし、京都議定書で目標を決めたのは、日本やＥＵなど一部の先進国だけでした。開発途上国は参加していませんし、アメリカも離脱してしまった。そのため、削減目標を定めた国々の排出量は合計しても世界全体の四分の一程度にしかなりません。削減目標を定めなかったアメリカと中国だけで四割を占めています。

これでは実効性に欠けるでしょう。それがようやく変わってきたのが、二〇一四年にペルーの首都リマで開かれた二〇回目の会議（COP20）においてです。この会議では、先進国も開発途上国も、すべての国が共通のルールにもとづいて温室効果ガスの排出削減目標をつくることで合意しました。

そして、二〇一五年一一月末からフランスのパリで開かれた二一回目の会議（COP21）では、**産業革命以来の世界の平均気温上昇を二度未満に抑えること、さらに一・五度未満を努力目標とすること**を世界の国々が約束しました。これが「**パリ協定**」です。

なぜ、京都は「議定書」で、パリは「協定」なのでしょうか。これはアメリカの都合です。

「議定書」というと、国際的な条約なので、アメリカの場合、大統領が約束をしても、議会が批准（ひじゅん）をしなければなりません。ところが現在のアメリカの議会は、上院も下院も共和党が多数を占めています。だから京都議定書は、アメリカでは承認されなかった。一方、協定であれば、議会の批准は必要ありません。

つまり、アメリカの国内情勢に配慮してパリ「協定」と呼ぶようになったわけですね。

さて、先述したＩＰＣＣは、これまでに第一〜第五次という形で評価報告書を作成し、温室効果ガスの増大によって、地球環境にはどれだけの影響が出るのかというデータを発表しています。

最新の報告書では、このまま世界が温暖化対策を何も講じないと、二一〇〇年には地球の平均気温が最大で四・八度上昇すると警告されています。一方、できうる限り最大の対策をとると、〇・三度から一・七度の上昇に留めることができます。

先述のとおり、地球の平均気温は、産業革命以来上昇し続けています。この上昇を二度以内に抑える目標を達成すべきだとＩＰＣＣは提案しており、パリ協定はそれに則った形で定められたということになります。こうして、ようやく温暖化に向けて世界の国々が協力していくことになったのです。

毛沢東の自然破壊

かつて、たった一人で大規模な自然破壊を起こした人物がいました。最後にそのことをお話ししましょう。それは中国の毛沢東です。

一九五八年、毛沢東の**大躍進政策**が始まります。彼は、新生中国が誕生した直後の段階では、社会主義社会実現には長い期間がかかると考えていました。しかし、自らの独裁的な支配が成立すると、今度は、一気に社会主義を実現できると考え始めたのです。そこで打ち出された政策が大躍進政策です。

当時のソ連では、フルシチョフが「アメリカの経済力を一五年で追い越す」と宣言していました。ソ連の弟分であることを意識した毛沢東は、当時世界で経済力が二位だったイギリスを一五年で追い越すという目標を立てたのです。具体的には、鉄鋼生産高でイギリスに追いつくことでした。

そのためには、どうしたらよいか。製鉄所をつくっていたらとても間に合いません。そこで、全国の農村地帯で「裏庭煉鋼炉」（土法高炉）を手づくりすることになったのです。耐火レンガにモルタルを塗っただけの、高さ四～五メートルの手製の鉄鋼炉です。

当時の中国では、まだ炭鉱の開発も十分ではなかった。そのため、鉄を溶かすための熱源として、石炭の代わりに木材を使わざるをえません。農民たちは周辺の森林から木材を切り出しました。

こうして中国全土から急激に森林が失われ、砂漠化が進行しました。中国の黄砂の量が増え日本まで届くのは、この時期に中国の森林が根こそぎ切り倒されてしまったからです。

さらに、鉄を溶かすにも鉄鉱石がないので、農民の家庭から、鍋やフライパン、包丁などが供出させられました。材料がなくなると、農作業用の鋤や鍬、シャベルまでが高炉に投げ入れられた。本来は高炉で鉄鋼を生産し、鋤や鍬を製造しなければならないのに、それを破壊してしまうという本末転倒の事態となったのです。

その結果、ふと気がつくと一九五八年からの三年間で、中国中の樹木がきわめて少なくなり、農作用の農機具のほとんどが失われることになりました。

農作物への甚大な被害

大躍進政策では、鉄鋼生産とともに農業の集団化も進められました。そこで出された指示が、稲の密植です。稲をびっしり植えれば、それだけ多数の稲の穂が実り、米が豊作になる。こう考えた毛沢東の指示により、全国の農村で稲の密植が行われたのです。

もちろん、そんなことをしたら、風通しも水はけも悪くなるし、肥料が足りなくなる。結果、米の生産が激減しました。

さらに、毛沢東は米を食べるスズメ退治を指示しました。スズメ退治のために、全農民が動員されて、太鼓や鍋を叩いてスズメを驚かせる。驚いたスズメは地上に降りてくることができず、飛び続けているうちに疲れて落ちてくるだろう、そこをつかまえようというびっくり仰天の退治策です。

これが大まじめで全国一斉に行われ、最盛期には北京だけでも三日間で四〇万羽のスズメ退治に成功しました。しかしスズメの姿が消えると、今度は天敵がいなくなった昆虫が大発生し、農作物に甚大な被害が生じたのです。

こうして「大躍進」という言葉とは裏腹に、この時期の中国では農業生産が激減し、大規模な飢饉が発生しました。

ところが現在、中国の子どもたちが学ぶ教科書では、「悪天候が三年間続いたことによって、農村に大きな被害が出た」とあるだけで、大躍進政策の被害のことは書かれていません。中国共産党は今なお、大躍進政策の失敗をひた隠しにしています。

たった一人の指導者が科学的な知識もないまま、思いつきでやった政策によって中国全土で飢えが広がり、国土は砂漠化してしまったのです。

この章で述べたとおり、環境問題を解決するためには、サイエンスの知識に加えて、政治や経済の力が必要です。しかし、**政治のリーダーシップが指導者の非科学的な思いこみによって間違った方向へ向かうと、取り返しのつかないことになる。**私たちは、そのことを忘れてはならないでしょう。

カール・セーガンの警告

さあ、ようやく最後までたどりつきました。

物理、化学、生物、医学、地学、環境問題——どの分野も、さまざまな仮説と検証が積み重なって、前進してきたことがおわかりいただけたと思います。

仮説が検証されれば「やったぜ！」と満足感を得る。そんな純粋な研究心が科学を駆動(くどう)

してきた一方、錬金術のようなマインドによって、新しい物質やエネルギーが次々と生み出されてきました。これもまた科学が持つ特徴の一つでしょう。

やがて科学の成果は、戦争やビジネスと結びつき、人類にも自然界にも大きな犠牲を強いることになりました。生命や環境という分野では、多くの倫理的問題が生じています。

ここまでお話ししたとおり、科学とリスクはいたちごっこです。科学の新しい発見は、新たなリスクを生みます。しかしそのリスクを乗り越えるためには、科学が前進することが必要なのです。

科学はたしかに万能でもないし、多くのリスクも生み出します。が、同時に科学の力は、破滅を食い止める力も持っています。

冷戦時代の一九八三年、アメリカの天文学者カール・セーガンは「**核の冬**」という仮説を提唱しました。ソ連とアメリカがそれぞれ核兵器を使うと、核爆発によって灰をはじめとするさまざまなものが人気中に放出され、それが地球上を覆うことによって太陽の熱が遮られてしまう。つまり、世界中が冬になってしまう。核戦争による破滅的な被害を、セーガンはこのように警告したのです。

戦後、核開発競争が激化するなかで、人類が破滅の道を選ばなかったのは、セーガンのような**科学者による啓蒙が、歯止めとして働いたからかもしれません。**科学の力を正しく理解すること。そして自ら科学的な思考を実践すること。それがひいては、豊かな社会をつくることにもつながっていくのです。

おわりに

科学がニュースになるのはノーベル賞のときぐらい、という文系にとって幸せな時代は終わりました。

感染症対策のためにはウイルスの基本程度は知っておいた方がいいし、地震対策のためには地学の基礎的知識が求められます。

地球温暖化のメカニズムはサイエンス全般の知識がないと理解できないでしょう。iPS細胞を使った再生医療の進展は、私たちにとって無縁ではありません。

現代に生きる私たちは、もはや「私は文系なので」などと尻込みしているわけにはいかないのです。

科学的な思考法に欠けていると、相関関係と因果関係を取り違えるミスもしがち。思わぬ勘違いに発展してしまいます。

とはいえ、科学にアレルギーを持つ文科系の人たちが多いのも事実。

そこで、科学（サイエンス）それ自体というよりは、そもそも「科学的思考法」とはどんなものかを文系の人にも理解してもらえる入門書を書くことにしました。

たとえば、「大陸移動説」はどうして生まれ、なぜいったんは見捨てられたのに復活したのか。これを科学的な思考法から見ていくと、ワクワクしてきます。

ウランの核分裂発見のエピソードには、思わぬ人間のドラマが存在します。発見ドラマにも、そこから発展する核開発にもユダヤ人の存在があります。科学を語っているうちに、いつしか社会学や歴史、宗教にまで発展してしまいました。

などと偉そうに書いていっていますが、私はバリバリの文科系。東京工業大学という理系秀才・天才の集団の中にあって、いつも右往左往するばかり。本書の準備には悪戦苦闘しました。

この本は、『おとなの教養』の続編として企画されました。前回同様、ＮＨＫ出版の編集者・大場旦氏にせっつかれて始まったのですが、これまた私がなかなか取り掛からないものですから、ＮＨＫ文化センター青山教室で二〇一六年六月に二回に分けて講義したものをベースにしています。受講してくださった幅広い年齢層の方々に感謝です。

書籍の形にするに当たっては、前回同様、斎藤哲也さんにお世話になりました。

二〇一六年九月

ジャーナリスト　池上　彰

主要参考文献

・朝日新聞大阪本社科学医療グループ『iPS細胞とはなにか――万能細胞研究の現在』講談社ブルーバックス
・江守正多ほか『地球温暖化はどれくらい「怖い」か？――温暖化リスクの全体像を探る』技術評論社
・カール・セーガン著、野本陽代訳『核の冬――第三次世界大戦後の世界』光文社
・小山慶太『入門　現代物理学――素粒子から宇宙までの不思議に挑む』中公新書
・酒井邦嘉『科学という考え方――アインシュタインの宇宙』中公新書
・島村英紀『火山入門――日本誕生から破局噴火まで』NHK出版新書
・スティーヴ・シャンキン著、梶山あゆみ訳『原爆を盗め！――史上最も恐ろしい爆弾はこうしてつくられた』紀伊國屋書店
・スティーヴン・ワインバーグ著、赤根洋子訳、大栗博司解説『科学の発見』文藝春秋
・ジム・バゴット著、青柳伸子訳『原子爆弾　1938～1950年――いかに物理学者たちは、世界を残虐と恐怖へ導いていったか？』作品社
・武田徹『私たちはこうして「原発大国」を選んだ――増補版「核」論』中公新書ラクレ
・巽好幸『地震と噴火は必ず起きる――大変動列島に住むということ』新潮選書

・栃内新、左巻健男『新しい高校生物の教科書――現代人のための高校理科』講談社ブルーバックス
・中曽根康弘『自省録――歴史法廷の被告として』新潮社
・長沼毅『生命とは何だろう?』集英社インターナショナル
・森和俊『細胞の中の分子生物学――最新・生命科学入門』講談社ブルーバックス
・ラインハート・レンネバーグ著、小林達彦監修、田中暉夫、奥原正國、西山広子訳『カラー図解EURO版　バイオテクノロジーの教科書（上下）』講談社ブルーバックス
・レナード・ムロディナウ著、水谷淳訳『この世界を知るための　人類と科学の400万年史』河出書房新社
・村山斉『宇宙は何でできているのか――素粒子物理学で解く宇宙の謎』幻冬舎新書
・山中伸弥、緑慎也『山中伸弥先生に、人生とiPS細胞について聞いてみた』講談社+α文庫
・吉岡斉『新版　原子力の社会史――その日本的展開』朝日選書
・「NHKスペシャル」取材班『〝核〟を求めた日本――被爆国の知られざる真実』光文社
・ニュートン別冊『ビジュアル化学』ニュートンプレス
・ニュートン別冊『水素社会の到来　核融合への夢』ニュートンプレス

編集協力　斎藤哲也
　　　　　浅見奈緒子
　　　　　橋間昭徳
校閲　大河原晶子
写真撮影　佐藤克秋
図版作成　原　清人
DTP　佐藤裕久

池上 彰 いけがみ・あきら
1950年、長野県生まれ。慶應義塾大学卒業。
NHKで記者やキャスターを歴任、
94年より11年間『週刊こどもニュース』でお父さん役を務める。
2005年より、フリージャーナリストとして多方面で活躍中。
東京工業大学リベラルアーツセンター教授を経て、
現在、東京工業大学特命教授。名城大学教授。
著書に『見通す力』(生活人新書)、
『おとなの教養——私たちはどこから来て、どこへ行くのか?』
(NHK出版新書)、
『伝える力』『情報を活かす力』(PHPビジネス新書)、
『そうだったのか! 現代史』(集英社文庫)、
『世界を動かす巨人たち〈政治家編〉』(集英社新書)など多数。

NHK出版新書 500

はじめてのサイエンス

2016(平成28)年10月10日 第1刷発行

著者 池上 彰 ©2016 Ikegami Akira
発行者 小泉公二
発行所 NHK出版
〒150-8081東京都渋谷区宇田川町41-1
電話 (0570) 002-247 (編集) (0570) 000-321(注文)
http://www.nhk-book.co.jp (ホームページ)
振替 00110-1-49701

ブックデザイン albireo
印刷 亨有堂印刷所・近代美術
製本 二葉製本

Printed in Japan ISBN978-4-14-088500-0 C0240

NHK出版新書好評既刊

奇妙な菌類
ミクロ世界の生存戦略
白水 貴
本物の花そっくりに化け、アリの身体を乗っ取って操り、罠を使って狩りをする……。キノコとカビの驚きの生態と変幻自在のサバイバル術を大公開！
484

戦後政治を終わらせる
永続敗戦の、その先へ
白井 聡
『永続敗戦論』で一躍脚光を浴びた著書による戦後日本政治論。真の「戦後レジームから脱却」とは何か。戦後政治を乗り越えるための羅針盤！
485

VRビジネスの衝撃
「仮想世界」が巨大マネーを生む
新 清士
ゴーグル型端末で実現するバーチャルリアリティは、ビジネスに何をもたらすのか？ 気鋭のジャーナリストがVRの最前線からレポートする！
486

家飲みを極める
土屋 敦
枝豆、刺身、オニスラ、お浸し、ポテサラなどの定番つまみから締めの焼きおにぎりまで計11品を酒との相性から徹底検証！ 究極のつくり方を記す。
487

中国メディア戦争
ネット・中産階級・巨大企業
ふるまいよしこ
日本では伝えられない中国メディアの実態とは。社会を揺るがした大事件を織り込みつつ、激変する現代中国の熾烈な情報バトルを庶民目線で描く。
488

戦後補償裁判
民間人たちの終わらない「戦争」
栗原俊雄
大空襲、シベリア抑留、引き揚げ、戦没者遺骨……。日本はなぜ「戦後」を終わらせられないのか。多数の証言から戦後史の死角に鋭く迫った渾身作！
489

NHK出版新書好評既刊

中東から世界が崩れる
イランの復活、サウジアラビアの変貌
高橋和夫
イランとサウジアラビアの国交断絶は、まだ「予兆」に過ぎない！　情勢に通じる第一人者が、国際政治を揺るがす震源地の深層を読みとく。
490

巨大地震はなぜ連鎖するのか
活断層と日本列島
佐藤比呂志
この20年ほど、西南日本の地震と火山活動が活発化している。その背景として、プレート境界地震と内陸地震の関係を解き明かす。
491

挑み続ける力
「プロフェッショナル 仕事の流儀」スペシャル
NHK「プロフェッショナル」制作班
井山裕太、羽生善治、三浦知良、坂東玉三郎……困難のなかで志を持続し、限界に挑む10人の軌跡をはじめて明かすヒューマンドキュメント！
492

宗教を物語でほどく
アンデルセンから遠藤周作へ
島薗 進
宗教はなぜ人の心を打ち、支えるのか。宮沢賢治やトルストイから、いとうせいこう、西加奈子までの「物語」から読む、神も仏も見えない社会の宗教心。
493

魅惑のヴィクトリア朝
アリスとホームズの英国文化
新井潤美
日本でも屈指の人気を誇るヴィクトリア朝時代の作品を通じて、19〜20世紀初頭に形成され現代に至る英国文化の真髄がわかる一冊。
494

アマゾンと物流大戦争
角井亮一
ウォルマート、楽天、ヨドバシカメラ——巨人アマゾンにどう立ち向かうのか？　気鋭の物流コンサルタントによる、ビジネス最前線からのレポート！
495